U0519268

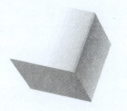

● "双一流"建设系列精品教材

大型社会抽样调查实务

DAXING SHEHUI CHOUYANG DIAOCHA SHIWU

甘 犁 何 青 弋代春 等编著

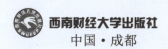

西南财经大学出版社

中国·成都

图书在版编目(CIP)数据

大型社会抽样调查实务/甘犁等编著.--成都：
西南财经大学出版社,2025.5.--ISBN 978-7-5504-6489-6
Ⅰ.TS976.15
中国国家版本馆 CIP 数据核字第 20249AQ650 号

大型社会抽样调查实务

甘犁　何青　弋代春　等编著

策划编辑:杜显钰
责任编辑:杜显钰
责任校对:廖术涵
封面设计:墨创文化
责任印制:朱曼丽

出版发行	西南财经大学出版社(四川省成都市光华村街55号)
网　　址	http://cbs.swufe.edu.cn
电子邮件	bookcj@swufe.edu.cn
邮政编码	610074
电　　话	028-87353785
照　　排	四川胜翔数码印务设计有限公司
印　　刷	郫县犀浦印刷厂
成品尺寸	185 mm×260 mm
印　　张	13.625
字　　数	317 千字
版　　次	2025 年 5 月第 1 版
印　　次	2025 年 5 月第 1 次印刷
书　　号	ISBN 978-7-5504-6489-6
定　　价	32.80 元

1. 版权所有,翻印必究。

2. 如有印刷、装订等差错,可向本社营销部调换。

3. 本书封底尢本社数码防伪标识,不得销售。

前　言

　　在当今数据驱动的时代，社会调查不仅是人们理解社会现象的显微镜，更是支撑政府决策与学术研究的基石。它通过对微观个体轨迹的探寻，勾勒出宏观时代的脉络，以科学的方法揭示社会运行的底层逻辑。

　　西南财经大学中国家庭金融调查与研究中心（以下简称"中心"）自2010年成立以来，始终秉持"让中国了解自己，让世界认识中国"的初心与使命，以家庭为研究单元，系统记录中国家庭在经济、金融领域的变迁。通过深入学习贯彻党的二十大和二十届二中、三中全会精神，中心进一步坚定了为中国经济高质量发展贡献力量的决心。本书的编写，既是对科学社会调查方法的系统性梳理，又是对中心十余年调查实践经验的凝练总结。我们致力于打造一部兼具理论深度与实践广度的参考指南，助力广大从业者更好地服务社会，推动国家的进步与发展。

　　作为全国性微观家庭金融数据的重要来源，中心设计并组织实施的中国家庭金融调查（China Household Finance Survey，CHFS）截至2023年已连续开展七轮，累计吸引来自80余所高校的2万余名学生参与。调查样本覆盖29个省（自治区、直辖市）①、355个区（县、县级市）、1 428个社区（村），持续追踪超过4万个家庭的多维度数据，涵盖人口、资产、负债、收入、支出、保险与保障等核心领域。凭借其专业性、系统性与全面性，中国家庭金融调查不仅构建了国内最完整的家庭金融数据库，其采集的数据也成为社会各界洞察中国家庭经济行为的重要依据。

　　十余年来，中心始终将数据质量视为生命线，逐步构建了一套具有本土特色的大型社会抽样调查体系：在抽样设计上，采用分层多阶段概率抽样方法，确保抽选样本对城乡、区域及不同收入群体的代表性；在问卷迭代上，紧跟宏观经济形势，精准捕捉家庭行为的时代特征；在质控流程上，通过执行-质控-数据三团队协同的闭环管理方式，以及从调查人员培训到数据清洗的层层把关，最大限度地减小误差。基于这些实践，中心既积累了海量微观数据，又为本书的撰写积累了丰富的案例素材。

　　本书的出版旨在将中心长期积累的经验转化为具有普遍适用性的操作指南。通过解析中国家庭金融调查的典型案例，本书系统阐释了大型社会抽样调查的核心环节，涵盖问卷设计、实地执行、数据应用等方面。其中，一些创新实践不仅验证了

----

　　① 中国家庭金融调查未采集香港特别行政区、澳门特别行政区、台湾地区、新疆维吾尔自治区、西藏自治区的数据。

科学方法的本土适用性，更为相关从业者提供了可复制的技术路径。例如，中心自主研发的调查系统，通过实时数据加密与云端同步，将单户访问效率提升了30%。这一经验为其他同类社会调查项目提供了有力参考。

全书分为四篇，共十一章，内容紧密围绕大型社会抽样调查的全流程展开。调查设计篇立足方法论，详细阐述如何根据研究目标制定抽样框架与问卷架构；调查执行篇聚焦实地绘图与访问，提炼出动态监控、逻辑跳转校验等质控技巧；调查数据篇从技术层面剖析数据清洗与服务的标准化流程；调查支持篇则说明调查财务管理、调查系统开发对项目开展的支撑作用。本书兼具阐释理论基础的严谨性与介绍一线场景的灵活性。

本书的完成得益于中国家庭金融调查项目组全体成员的倾力付出。本人全程指导框架设计并负责内容审定，各章节主笔将理论知识与一线经验深度融合。参与本书撰写的人员如下：甘犁、何青、弋代春、彭嫦燕、张秋雨、马浪、谢昕、刘洋赫、余中恒、彭虹、曾惜、贺文蓉、李茜、黄钰琴、邓莎丽、武丽娜、唐恒、翟莉、张诏、李琴、戢莉萍、吕豫川。此外，全书的整理、编辑工作由曾惜、邓莎丽共同完成；组织协调工作则由何青、弋代春、彭嫦燕、张秋雨、马浪负责。

在此，我们向所有参与中国家庭金融调查的受访家庭致以最诚挚的感谢。正是你们的信任与配合，让冰冷的数据拥有了温度，成为人们认识社会的有力工具。同时，我们也要向西南财经大学及所有合作单位表达深深的敬意，感谢你们的鼎力支持与协助，让这项调查得以持续、顺利进行。

当前，大型社会抽样调查正面临技术革新与伦理挑战的双重考验。大数据与人工智能为传统的社会调查方法注入了新动能，但隐私保护与数据安全亦需慎之又慎。本书在强调科学性的同时，呼吁相关从业者恪守伦理底线，在技术创新与人文关怀间寻求平衡。我们相信，大型社会抽样调查不仅是对数据的采集，更是与社会的深度对话。

我们期待本书能为相关从业者提供方法论指引，助力其在实践中开拓创新，进而推动中国的社会调查事业迈向更高水平，为读懂中国、服务中国贡献智慧和力量。

2025 年 5 月

目　录

第二篇：调查执行篇

第三篇：调查数据篇

第四篇：调查支持篇

第一章
导 言

第一节 社会调查概述

综观当今社会,无论是学术研究、政策评估,还是市场分析、趋势预判等,它们的总体发展趋势都是结果更加客观化、科学化、精准化。这一效果的达成,无疑离不开科学、准确的数据及相关信息、资料的支持。用数据做分析、用数据来说话已成为当今时代的潮流。

获取数据的方式多种多样。其中,社会调查是人们使用较早、应用最广的方式之一。所谓社会调查,是指研究者依据一定的理论知识,围绕特定的研究目的,针对指定的调查对象,采用问答或深度访谈的形式,系统、直接地从调查对象处收集所需的信息、资料,并通过分析这些信息、资料来描述社会现象,揭示社会运行规律。

一般而言,任何社会调查都有其特定的研究目的:可能是描述某一对象的状态、特征;也可能是探索并揭示某一事物的产生原因、发展和变化规律,把握其内在本质;还可能是预测某一状态的未来发展趋势等。因此,社会调查可被广泛应用于学术研究、政策评估、市场分析、趋势研判等领域。

按照调查对象的范围不同进行分类,社会调查可以分为普查、抽样调查、个案调查三种形式。其中,抽样调查是目前应用最广泛的社会调查形式。抽样调查,即按照一定的代表性要求,从调查对象总体中抽选部分样本进行调查,通过对调查结果进行分析,推断总体的特征。相对于普查,抽样调查采用科学的调查问卷、合理的调查方式,使得投入的成本大大降低,并能在保证样本代表性的前提下,得到与调查对象总体情况高度契合的数据。相对于个案调查,抽样调查可以获得成规模的、标准化的信息、资料,从某种程度上讲,更能全面、真实地反映调查对象总体情况。因此,抽样调查在社会调查中应用得最为广泛。在某些时候,人们会将社会调查称为抽样调查①。

在抽样调查中,重点工作是解决样本选取的问题。样本选取需要注意以下两方

---

① 风笑天. 社会调查中的问卷设计 [M]. 3 版. 北京:中国人民大学出版社,2014.

面的内容：第一，在样本分布方面，保证选取的样本对总体有良好的代表性，尤其是在样本异质性较大的情况下，应确保选取的样本均匀分布；第二，在样本规模方面，我们要在预定成本范围内收集精度最高的数据，就要对选取的样本数量进行准确预估。

总体来讲，社会调查所要收集的资料可分为三类：调查对象的背景或状态、调查对象的行为或活动、调查对象的意见或态度①。调查内容的设计基本是围绕这三类资料展开的。同时，从时间线来讲，根据研究需要，这三类资料可以按照过去、当前、未来三种情形进行细分，即调查对象过去的背景或状态、调查对象当前的背景或状态、调查对象未来的状态的预测，调查对象过去的行为或活动、调查对象当前的行为或活动、调查对象未来的行为或活动的预测，调查对象过去的意见或态度、调查对象当前的意见或态度、调查对象未来的意见或态度的预测。通过对时间进行细分，我们在社会调查中掌握的资料基本能够满足研究人员对追踪研究、同期群研究、趋势研究的不同需求。

社会调查的资料收集大多采用问卷调查或深度访谈的形式。当调查样本达到一定规模时，人们会倾向于采用标准统一的问卷，以获得大批量的数据、资料。问卷设计有着严格的操作程序，以及必须遵循的科学原则，并非简单的问题罗列。总体而言，问卷设计需要严格履行对调查目的的清晰界定，对所需资料、变量的全面列举，对问题语义、措辞的仔细推敲，以及对最终效果的反复测试、评估等程序。因此，问卷设计是一项对知识掌握和经验积累要求极高的专业性活动。

社会调查的最终目的是帮助相关研究人员得出精准、可靠的研究结论。这就需要社会调查取得准确、真实的数据资料，即保证质量。质量的影响因素主要包括抽样误差、问卷偏差、调查执行违规等。抽样误差可通过评估样本代表性予以纠正，问卷偏差可通过反复测试、校验予以修正，调查执行违规则需要通过指导调查人员遵守访问规范、施行严格的质量管控来减少。

综上所述，社会调查是一种遵循科学的理论指导，履行规范的操作程序，系统性地从调查对象处获取信息、资料，以帮助研究人员实现特定研究目的的科学活动。

第二节　本书的目标和内容

本书旨在向读者介绍中国家庭金融调查与研究中心目前掌握的开展高质量社会调查的方法和经验。

高质量数据在政策制定、规划出台、社会管理及部门决策过程中日益重要。依托相关数据进行科学分析并对分析结果予以合理利用，可以增强政策、规划、措施的有效性。为了满足各界对高质量数据的需求，社会调查将扮演越来越重要的角色。本书针对如何开展社会调查设计、如何进行数据质量管控等方面提供综合性参考

① 风笑天. 社会调查中的问卷设计 ［M］. 3 版. 北京：中国人民大学出版社，2014.

资料。

第一篇主要介绍调查设计，包括社会调查实施方案策划（第二章）、抽样设计（第三章）、问卷设计（第四章）。

第二篇主要介绍调查执行，包括实地绘图抽样（第五章）、调查执行工作（第六章）、调查质量管控（第七章）。

第三篇主要介绍调查数据，包括数据清洗（第八章）、数据服务（第九章）。

第四篇主要说明调查所需支持，包括调查财务管理（第十章）、调查系统介绍（第十一章）。

第一篇：调查设计篇

第二章
社会调查实施方案策划

第一节 调查团队组建及分工

在社会调查中，各个工作环节相互联系，形成了一个有机整体。因此，我们需要对各项工作加以统筹协调，即拟定一份全局性的、前瞻性的、切实可行的调查实施方案。调查实施方案需要涵盖从社会调查项目立项到社会调查项目结束的整个过程，具体而言，应包括以下内容：调查工作计划及团队分工，抽样设计、末端样本信息采集，问卷设计、问卷效果测试与评估，调查人员招募与培训，财务支持与后勤保障安排，调查点协助人员的联络及沟通，实地访问计划、调查质量管控方案、调查数据清洗及管理方案等的制订，总结与评估工作的开展。

同时，我们应针对上述每项工作制定任务拆分清单，设定具体完成日期，并结合各项工作的时间安排来拟定整个社会调查项目的实施流程。

为了保证社会调查各项工作协调、有序推进，我们应在项目开展之前，组建专业的团队，并根据调查实施方案的主要内容，将团队分为多个小组。每个小组负责社会调查中的一项或多项具体工作，各小组对各自负责的具体工作进行计划、统筹，并与其他小组就关联工作进行协调、安排。

社会调查团队的组织结构大致如图 2-1 所示：

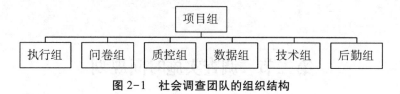

图 2-1 社会调查团队的组织结构

一、项目组

项目组负责统筹社会调查整体工作，并制订调查实施方案，同时对团队进行分组及分工。项目组可以下设执行组、问卷组、质控组、数据组、技术组、后勤组等。社会调查工作启动后，项目组要及时督促各小组按计划推进各项工作，检查各小组的工作成效，并对需要解决的问题进行有针对性的指导。

7

二、执行组

执行组负责调查执行工作，包括采集末端样本信息、招募与培训调查人员、与调查点协助人员联络及沟通、开展实地访问等。

三、问卷组

问卷组负责问卷设计、问卷效果测试与评估工作，包括收集调查需求、明确研究目的并将其指标化、设计问题、测试及优化问卷等。

四、质控组

质控组负责调查质量管控工作，包括招募、培训与管理质控人员，监督实地调查过程，核查调查数据并及时修正存在问题的样本、数据，以确保调查质量。

五、数据组

数据组负责调查数据清洗与管理工作，包括进行抽样设计、清洗回收数据、管理数据库、提供数据服务等。

六、技术组

技术组负责调查系统的开发与维护工作，包括开发、维护调查系统，管理服务器等。

七、后勤组

后勤组负责调查的财务支持与后勤保障工作，包括采购及发放各类调查物资、筹措资金、核销账目、宣传推广调查项目、记录报道实地访问过程等。

当然，以上组织结构也可以根据社会调查工作的实际需求进行调整。例如，末端样本信息采集员（绘图人员）、调查人员、质控人员可由后勤组统一招募，也可由专门成立的招募组进行招募。又如，资金筹措及账目核销工作可由专门成立的财务组负责。

第二节　调查实施时间规划

在社会调查各项任务完成分配后，项目组需要制订调查工作计划，以明确各项工作的启动及结束时间，这个计划可以用表格来清晰展示。一项大型社会调查，从筹备到结束，往往需要一年左右的时间，部分工作甚至可能需要提前开展或延后继续执行。在制订调查工作计划前，项目组需要确定社会调查的样本规模、样本分布范围、调查对象及其特点、问卷题量，以便于各小组预估自身负责的各项工作的困难程度、所需时间等，这些是制订调查工作计划时必不可少的参考信息。

这里以一份 1 年时间的调查工作计划为例，其安排如表 2-1 所示（＊表示在对应月份执行对应任务）。此外，在具体的调查工作计划中，每项任务还应确定起始日期。

表 2-1　调查工作计划

调查工作		月份											
项目	任务	1	2	3	4	5	6	7	8	9	10	11	12
抽样设计	调查地点抽选	＊											
问卷设计	问卷初稿编写	＊①	＊										
	问卷效果测试与评估			＊									
	问卷定稿及电子化				＊	＊							
调查执行	末端样本信息采集		＊	＊	＊②								
	调查点协助人员联络及沟通		＊	＊	＊								
	调查人员招募			＊	＊	＊							
	调查人员培训						＊	＊					
	调查执行团队组建						＊						
	开展实地访问						＊	＊	＊				
调查质量管控	调查数据核查						＊	＊	＊				
	样本修正及数据入库						＊	＊	＊	＊			
数据清洗及管理	数据清洗						＊	＊	＊	＊			
	数据服务									＊	＊	＊	＊
	数据后台管理										＊	＊	＊
财务支持与后勤保障	资金筹措	＊											
	物资采购及发放		＊	＊									
	宣传推广		＊	＊	＊	＊	＊						
	培训场地协调						＊	＊					
调查系统开发与维护	系统搭建方案制订	＊											
	系统编程与测试		＊	＊	＊	＊							
	系统部署						＊						
评估	工作总结与评估										＊		

调查工作计划一旦制订，项目组就必须按照时间节点推进并完成各项工作。由于各项工作在时间上是前后衔接的，任意一项工作未能按期完成，就可能影响整个社会调查项目的开展，因此调查工作计划必须经过慎重考虑和反复讨论。

---

① 针对长问卷调查，需要提前一年设计问卷方案，并在社会调查执行当年 1 月份拟定问卷初稿。
② 若样本分布范围较广或样本规模较大，则末端样本信息采集应提前进行。

第三节 调查实施工作安排

前文我们通过调查工作计划，展示了社会调查中的具体工作内容及执行时间。在调查实施工作安排中，我们需要对某些重点工作的开展进行整体考虑、统筹推进。

一、确定调查样本规模

调查数据的需求者或用户大多希望样本规模尽可能大。从理论上讲，样本越多，则数据的代表性会越好。但是，在现实中，有诸多因素会影响我们对样本规模及分布的决策。在对调查实施工作进行整体策划时，项目组必须思考一个问题：调查多少样本最为合适？一项社会调查的适度样本规模主要由以下三个方面的因素来决定：

1. 调查样本的代表性

调查样本的代表性即调查估计数与调查对象总体之间的偏差。样本规模越大，则调查数据的精确度就越高。但这种精确度的提高与样本规模的扩大不成比例，而与样本规模平方根的增大成比例，即样本达到一定规模后，如果继续增加，不仅不会使得抽样误差显著减小，反而会使调查的成本和难度直线上升。

2. 调查数据的时效性

关注政策、市场、社会等方面变化的调查，应尽量在一定的时限内完成，以便及时提供数据用于分析、研究。样本规模越大，则调查准备、实地执行、数据清洗等工作的周期就会越长，也就越容易耽误后期的研究工作。

3. 调查投入的经济性

一项社会调查的投入理应控制在预算范围内。样本规模越大，实地调查的成本则会越高，而调查数据精确度的提升效果会逐渐减弱。因此，我们必须综合调查成本、实施难度、数据效果等因素，权衡利弊，从而做出决策。

二、制订调查样本抽选及分布方案

除了样本规模，样本抽选方式及样本分布也是影响样本代表性的重要因素。目前，比较流行的社会调查抽样方法大致包括概率抽样和非概率抽样两种[①]。

（一）概率抽样

概率抽样也称随机抽样，是指调查对象总体中的每个个体都具有相同的被抽中概率[②]。从理论上讲，概率抽样更能提高样本对调查对象总体的代表性，使得调查结果对调查对象总体的推断更为准确。同时，概率抽样的抽样误差较容易估算出来[③]。但与此相对的是，概率抽样的费用成本、时间投入都远高于非概率抽样，且其抽样原则对调查执行的要求也会相应提高。

① 张增臣, 王迎春. 统计学 [M]. 杭州: 浙江大学出版社, 2010.
② 洪小良. 社会调查研究原理与方法 [M]. 北京: 北京出版社, 2005.
③ 胡桂华, 肖少云, 樊盛, 等. 对统计误差的思考 [J]. 广西财经学院学报, 2008.

（二）非概率抽样

非概率抽样是指按照方便的原则或主观判断来抽取样本。它不是严格按照随机抽样原则来抽取样本的。例如，街头拦访。因此，非概率抽样的成本更低、耗时更短，在操作执行上也更为简单，但是其抽选的样本与调查对象总体之间可能存在较大偏差。也就是说，非概率抽样对调查对象总体的推断效果不如概率抽样。

综上，在确定开展社会调查项目后，项目组首先应选择一种适合该项目的抽样方案。在选择过程中，项目组要充分考虑到社会调查的性质、目的、规模、时间要求、资金情况、调查对象的信息掌握情况等因素。如果一项社会调查仅服务于探索性研究，或者要求低成本、高效率地完成，或者对调查对象总体界定不清、信息掌握较少，那么其抽样方案可以选择非概率抽样。如果调查对象清晰明确、信息充足、资金和时间充裕，那么我们最好采用概率抽样，这样能使样本结构更趋近于调查对象总体，从而减小抽样误差。

在样本规模较大、覆盖范围较广的社会调查中，样本通常具有复杂性、多样性。针对这类型的社会调查，我们不能采用随机抽样，而应将分层抽样、多阶段抽样、等距抽样、对称抽样等多种方法相结合。例如，省级住户调查通常采用三阶段抽样方法。初级抽样框为该省的县（区）目录库，次级抽样框为县（区）下的社区（村），三级抽样框为该社区（村）内的住宅①。同时，在这个过程中，项目组可以根据社会调查性质，选择性地引入地区经济发展水平、人口总数、城乡分布及其他参考信息，对调查对象总体进行估计和分层，采用按规模大小成比例的概率抽样方法（PPS抽样方法），以尽量平衡调查样本的结构，从而提高调查样本的代表性。在交付社会调查数据时，我们需要精心计算每个调查样本的权数，以降低样本抽选或样本无应答等因素造成的不等概率。

对于以住宅、建筑物、地址等为调查单元的社会调查项目，由于存在人户分离、地址信息不全等问题，我们难以获得有关调查对象的准确、详细的地址清单，就需要额外派遣人员到所抽选的社区（村）采集住宅、建筑物、地址等信息。相关内容会在本书第五章作具体介绍。

三、选择调查实施方式

（一）社会调查实施方式

社会调查实施方式多种多样，比较常用的有面对面调查（包括入户访问、街头拦截访问）、电话调查、邮寄调查、网络调查等。

1. 面对面调查

面对面调查是指调查人员与调查对象直接接触，并完成调查。这种调查方式的优点在于调查人员可以随时向调查对象解释问题并纠正错误回答，从而获得高质量的数据与信息；缺点在于调查成本较高，调查时间较长。

---

① 巩红禹，金勇进. 住户调查中代表性样本的一种探索获取方法：平衡抽样技术［J］. 统计研究，2015（9）：84-90.

2. 电话调查

电话调查是指调查人员通过电话向调查对象提问，并记录答案。这种调查方式的优点在于执行速度快、覆盖范围广，同时其回答率、数据质量相对邮寄调查、网络调查高，而成本花费比面对面调查低。

3. 邮寄调查

邮寄调查是指调查人员将调查问卷及相关资料邮寄给调查对象，由调查对象填写并寄回。邮寄调查可以采用传统的邮递方式，也可以采用电子邮件形式。邮寄调查的缺点在于，调查问卷回收率通常较低，且信息反馈周期较长，因此我们在选择这种方式时需要慎重考虑。

4. 网络调查

网络调查是指调查人员通过互联网及相应的调查系统进行在线调查。网络调查的优点在于，执行成本低、数据收集速度快，易于组织、不受时空限制；缺点在于，样本代表性难以把控，职业受访对象的存在无法排除，且网络安全风险不可避免。

（二）社会调查资料收集方式

在社会调查资料收集方式上，常用的有问卷调查和访谈两种。

1. 问卷调查

问卷调查是社会调查中比较常用的一种资料收集方式[①]。尤其是在大型社会调查项目中，问卷调查因其具备高效获得规模化、标准化的信息、资料的优势，而成为首选调查方式。

2. 访谈

访谈是社会调查中另一种比较常用的资料收集方式，主要用于需要深度挖掘潜在信息的社会调查项目。通过对访谈获取的资料进行分析，我们可以发现隐藏在现象背后的深层次信息。访谈一般要求调查人员具有较强的观察能力、沟通能力，以及发现问题的敏锐性。由于访谈对调查人员的专业素质有较高要求，且执行起来相对耗时，因此其难以像问卷调查那样做到规模化、标准化。

随着信息技术的不断发展，计算机辅助调查（computer assisted interviewing, CAI）开始广泛应用于各类调查项目。相比传统的纸质问卷调查，计算机辅助调查在提高调查实施效率、确保资料安全性和准确度方面具有明显的优势。

在社会调查实施方案策划中，项目组必须对社会调查实施方式及社会调查资料收集方式进行选择，同时确定是否采用计算机辅助调查，以便于各小组明确各自的工作内容及具体时间安排。

四、考虑预算及成本

一般来说，社会调查实施方案策划必须实现以下目标之一：①在固定的成本范围内，确保项目能提供尽可能精确的数据；②在数据达到指定精确度的前提下，最大限度地节约成本。因此，从某种程度上讲，社会调查实施方案策划就是在调查数

---

① 史秋霞，王毅杰. 试论相关群体对问卷调查资料质量的影响：以一次流动儿童调查为例［J］. 中北大学学报（社会科学版），2010（3）：4.

据的精确度与成本之间进行权衡。

社会调查项目的成本主要包括调查执行的差旅支出、调查人员的薪酬、物资采购等方面。经费筹集应在社会调查项目开展前完成。可以说，先有资金，后做调查。当然，也有部分社会调查项目的经费是分批拨付的，但拨付与否及拨付时间可能存在不确定性。经费一旦中断，则社会调查项目就无法推进，这一点必须在社会调查实施方案策划中认真考虑。

如果成本是固定的，那么社会调查实施方案在样本规模及样本分布的选择上，要尽可能适度；在工作节奏的安排上，要尽量紧凑；在物资的采购上，要进行多方比对。如果一项社会调查对数据的精准度提出了要求，那么社会调查实施方案必须以此为前提，即注重样本的代表性、问卷的适用性、过程监督的严格性、数据清洗的科学性等。在满足以上条件的情况下，我们再考虑最大限度地节约成本。

但是，无论是实现哪个目标，对社会调查实施方案策划来讲，都必须考虑成本问题。尤其是在经费拨付存在不确定性的社会调查中，做好资金预算是至关重要的一环，甚至是项目得以正常开展的决定性因素。

五、制定数据质量标准

数据质量是社会调查的生命线，是研究目标能否实现的关键影响因素。对一项社会调查而言，质量管控贯穿整个项目的始终。例如，在初期的样本抽选中，要保证样本结构与调查对象总体结构趋于一致，力争样本具有良好的代表性和极小的抽样误差；在调查问卷编写中，要紧扣研究目标，测试其是否适用于实地调查，以确保收集到目标数据；在调查执行中，要严格按照相应规范开展调查，做好无应答管控预案，以保证回收样本足量，且填答数据真实、准确、可靠；等等。在调查执行过程中，调查人员应尽可能地采集最高质量的数据、信息，为研究者开展科学研究、得出有力结论提供保障。这是社会调查成效评估的最主要依据，甚至可能是唯一依据。

在社会调查实施方案策划中，保障数据质量包含两个方面的内容：一是确保数据的精确度达到要求。要实现这个目标，可以从数据的置信度、标准误、信度、效度，样本的代表性等方面入手设定标准。二是保证数据的真实性、可靠性，这主要依赖质量管控部门的有效监督与干预，其具体操作内容将在本书第七章详细说明。

数据质量的标准与要求应在社会调查实施方案中明确规定，以便于团队中的不同小组，尤其是执行组和质控组合理安排调查执行、质量管控、数据处理等工作。

六、联络当地协助人员并争取大力支持

在现实生活中，人们大多对陌生人持戒备心理。我们要得到调查对象（尤其是初次接触的调查对象）的信任，使其同意参与社会调查项目、配合自身的访问工作，就需要进行多方联络。其中，最有效的方式是联络当地机构，争取其支持，尤其是公共部门的支持。联络的目的在于，通过相关部门的介绍，取得调查对象的信任，从而顺利开展社会调查工作。联络的对象可以是政府部门、社会团体、企事业

单位，也可以是某些关键性组织或个人，这需要项目组根据社会调查的性质、目的、调查对象的类型、调查问卷的内容等因素进行综合考量，从而选择合适的联络方案。在社会调查实施方案策划中，项目组应尽力为调查执行寻求多方支持，多渠道地搭建起与调查对象之间的信任桥梁，创造在当地顺利开展社会调查的有利条件。

第三章
抽样设计

调查可以分为全面调查与非全面调查。其中，全面调查是指对调查对象总体中的每个个体都进行信息收集的调查，也称为普查，如全国经济普查、全国人口普查等；非全面调查则是指通过抽样，仅对调查对象总体中的部分个体进行信息收集的调查。相比较而言，全面调查有助于人们全方位了解调查对象，既不重复又不遗漏相关调查对象。如果在数据汇总时没有出现任何差错，那么全面调查的结果就是可靠的。但实际上，由于受到资金或人员的限制，在大多数时候，我们并不具备开展全面调查的条件。与全面调查相比，非全面调查有许多优点，如花费少、成本低、耗时短、速度快，且通过科学抽样也能得到比较准确的调查结果[①]。

抽样调查作为社会调查中一种应用广泛的非全面调查形式，其目的在于通过统计分析调查对象总体中的有限样本个体，来对调查对象的整体状态或某一方面特质做出准确推断或估计。抽样设计是指在综合考虑社会调查目标和所能投入人力、财力、时间等的基础上，确定科学、可行的抽样方案及适度的样本规模，从而既保证样本具有良好的代表性，又通过最经济的方式得到准确、可靠的结果。因此，抽样设计是社会调查中最重要的基础性工作，科学、合理的抽样对统计分析具有极大影响。

本章主要介绍抽样调查中的抽样设计环节，从以下六个方面展开：第一，简单介绍抽样的基本概念；第二，对比概率抽样与非概率抽样，并说明这两种常用抽样方式的适用情境；第三，描述抽样误差及其成因；第四，阐释样本规模问题，说明如何计算所需的样本数量；第五，介绍抽样调查中的权数构建；第六，简单介绍评估样本代表性的有效方法。

第一节　抽样的基本概念

要想高效开展抽样调查工作，调查人员就必须清楚地了解有关抽样的几个基本概念，包括总体、总体单位、样本，抽样框与抽样单元，参数及统计量。掌握这几

----

① 杜子芳. 抽样技术及其应用［M］. 北京：清华大学出版社，2005.

个概念是开展抽样设计工作的第一步。本节仅对这几个概念进行简单介绍，不作深入阐释。读者若有兴趣，可查阅其他专业文献。

一、总体、总体单位、样本

（一）总体

简单来讲，在抽样调查中，总体是指符合调查条件的全体对象。在开展抽样调查时，项目组需要对调查对象作出清晰界定，并明确调查对象的总体，这是后续进行抽样设计及抽样调查的基础。例如，在以了解我国家庭储蓄情况为目的的抽样调查中，总体应是全国所有家庭，而非全国所有储户。

（二）总体单位

总体单位是指构成总体的个体对象，也称个体。在抽样调查中，总体是所有调查对象的集合，而总体单位则是实际调查对象。例如，在以了解我国家庭储蓄情况为目的的抽样调查中，总体单位是全国范围内的每一户普通家庭，他们是该调查的实际受访对象。

（三）样本

样本是指由总体中抽选的部分个体组成的集合。这个集合的个体数量即样本容量。从总体中抽选部分个体并形成样本的过程即抽样。事实上，开展抽样调查的一个重要原因在于，研究者希望利用某个群体的信息进行统计分析，却无法承担全面调查所需投入的经济成本或时间成本，那么通过掌握部分个体具有的特征去推断总体特征，就成了最佳选择。例如，研究者想调查全国范围内每户家庭的储蓄情况，从时间投入、金钱投入、人力投入的角度看，这无疑是一项难以完成的任务。这时，我们可以考虑采用科学的方法，从全国各地抽取一部分有充分代表性的家庭进行调查，这部分被抽选的家庭就是样本。

二、抽样框与抽样单元

（一）抽样框

抽样框（sampling units）是指由所有抽样单位所构成的列表名单。抽样框的基本组成元素为抽样单位。准备抽样框，简单来说就是收集、罗列所有符合调查条件的样本（全部总体单位），这些样本即抽样单位。与总体单位有所区分的是，抽样单位可以是单个总体单位本身，也可以是若干总体单位组成的集合。按照抽样单位属性的不同，抽样框可以分为名单抽样框、时间抽样框、区域抽样框等[①]。

1. 名单抽样框

名单抽样框是指包括全部总体单位的名单框。例如，在国家电网想了解某市用户对供电服务的满意度时，可以将该市的用户登记名单作为抽样框。

2. 时间抽样框

时间抽样框是指将时间序列属性作为抽样单位的一种抽样框。例如，在投资公

---

① 周荣辅，刘新建，于俊. 统计学原理 [M]. 北京：北京工业大学出版社，2003.

司想了解某条商业街的人流量及消费情况时，可以将一个月的时间段（或其他时间段）作为抽样框，并抽选几个时间点进行观测及调查。

3. 区域抽样框

区域抽样框是指将地理或空间作为抽样单位的一种抽样框。例如，在全国范围内开展的中国家庭金融调查就是对区（县）、社区（村）等区域单位进行抽样的。

（二）抽样单元

抽样框与抽样单元是抽样设计中的两个核心概念。抽样框是实际总体的映射总体，其每个单元与实际总体中的特定单元之间存在明确的对应关系。构成映射总体的单元则称为抽样单元。换言之，包含所有抽样单元的总体称为抽样框，构成抽样框的单元称为抽样单元[①]。简单来讲，抽样框如同一个目录清单，清单中的每个条目都对应实际总体中的一个个体，抽样单元即清单中的单个条目。在大型社会抽样调查中，当总体包含的个体数量非常庞大时，直接对个体进行抽样在操作上往往不便。因此，我们通常将总体划分成互不重叠且穷尽的若干部分，每个部分就是一个抽样单元，每个抽样单元都是由若干个体形成的集合。

三、参数及统计量

（一）参数

参数（parameter）是指描述某个特征的概括性数字度量，包括平均值、标准差、比例等[②]。在社会调查项目中，总体参数的获得极为困难，这时我们可以通过对总体的某一子总体进行数据分析，从而推断或估计总体情况。

（二）统计量

统计量（statistic）是指不含未知参数的样本函数[③]，是可以用作描述样本某个特征的数值变量。在抽样调查中，通常会涉及的统计量有两类：第一类是描述样本中心位置的统计量，如样本均值、样本中位数等；第二类是描述样本分散程度的统计量，如样本标准差、样本极差等。由于样本是由按特定方法从总体中抽选的部分个体所组成的整体，其相关数据能够通过调查获得，因此样本统计量是可知的。

（三）符号约定

本章统一使用小写字母表示样本统计量，使用大写字母表示总体参数。举例如下：

$\bar{x} = \frac{1}{n} \sum_{i=1}^{n} x_i$，$s^2 = \frac{1}{n-1} \sum_{i=1}^{n} (x_i - \bar{x})^2$ 分别表示样本均值及样本方差；而 $\bar{X} = \frac{1}{n} \sum_{i=1}^{n} X_i$，$S^2 = \frac{1}{n} \sum_{i=1}^{n} (X_i - \bar{X})^2$ 分别表示总体均值及总体方差。

① 杜子芳. 抽样技术及其应用 [M]. 北京：清华大学出版社，2005.
② 贾俊平. 统计学 [M]. 2 版. 北京：清华大学出版社，2006.
③ 金炳焘. 概率论与数理统计 [M]. 北京：高等教育出版社，2011.

第二节　概率抽样与非概率抽样

在明晰总体、总体单位、样本、抽样框、抽样单元、参数和统计量等概念后，就需要确定采用何种抽样方式了。在社会调查项目中，常用的抽样方式大致可以分为两种：概率抽样与非概率抽样。两种抽样方式各有其优势和劣势，也各有其适用情境。选择合适的抽样方式，对数据质量及调查成本都有重要影响。在第二章，我们已对概率抽样和非概率抽样作了简单说明，下面我们将着重介绍有关概率抽样和非概率抽样的几种具体方法。

一、概率抽样（probability sampling）

概率抽样建立在丰富的统计理论基础之上，可用概率理论加以解释，是一种客观而科学的抽样方法，又称随机抽样[①]。按照概率抽样原则，总体中的每个个体都有已知的非零概率被抽中[②]。概率抽样的几种具体方法包括简单随机抽样、分层抽样（类型抽样）、系统抽样（等距抽样）、整群抽样、多阶段抽样、与规模成比例的概率抽样（PPS 抽样）等。

（一）简单随机抽样（simple random sampling）

1. 简单随机抽样概述

简单随机抽样有时也可以称为纯随机抽样。例如，从由 N 个单元构成的总体中抽取 n 个单元组成样本，如果采取不放回方式抽样，则可能的样本有 C_N^n 个。若每个样本被抽中的概率相同，都为 $P=\dfrac{1}{C_N^n}=\dfrac{n!\ (N-n)!}{N!}$，则这种抽样方法就是简单随机抽样。

在实际应用中，简单随机抽样的几种常用方法有直接抽选法、抽签法、随机数表法。

（1）直接抽选法。

直接抽选法是指从由 N 个单元构成的总体中随机抽取 n 个单元。例如，从某班级 50 名学生中随机抽选 10 名学生进行调查。

（2）抽签法。

抽签法是指先对抽样单元进行编号，再随机抽选号签的抽样方式。例如，从某班级 50 名学生中抽选若干名学生进行调查，可以将学生的学号（1~50）编入号签，号签可以是卡片、号球等。将号签均匀混于一处进行随机抽选，每次抽取一个号签，连续抽取 10 次，就可以得到一个个体数量为 10 的样本。这种方法主要适用于总体数量较少的情境。

（3）随机数表法。

随机数表法是指将乱数表作为抽样工具的一种随机抽样方式。随机数表在分布

---

①　张彦. 社会研究方法［M］. 上海：上海财经大学出版社，2011.
②　徐沛. 传播研究方法基础［M］. 成都：四川大学出版社，2011.

上没有任何规律，因此可以确保抽样过程具有较强的随机性。操作方式如下：首先，将号码随机排列成表，形成随机数表，并设计对应的抽样单元；其次，从编成的随机数表中选定任一起点和方向，按照一定的间隔抽取号码，相同的号码不复选，直到抽足预定样本量为止；最后，重新排列抽中的号码和抽样单元，组成样本。

2. 简单估计量及其性质[①]

（1）简单估计量。

我们通常使用大写字母表示总体的量，而使用小写字母表示样本的量。例如，总体变量 Y 的 N 个变量值记为 Y_1，Y_2，$\cdots$，Y_N，则总体均值可表示为 $\bar{Y} = \dfrac{1}{N} \sum_{i=1}^{N} Y_i$，总体总值可表示为 $Y = N\bar{Y}$。假定从总体中抽取一个样本量为 n 的简单随机样本 y_1，y_2，$\cdots$，y_n，则样本均值可表示为 $\bar{y} = \dfrac{1}{n} \sum_{i=1}^{n} y_i$。

从理论上讲，我们一般只关注四个方面的总体特征，即总体均值、总体总值、总体比例和总体比率。在简单随机抽样中，总体均值的简单估计量为 $\hat{\bar{Y}} = \bar{y}$，总体总值 Y 的简单估计量为 $\hat{Y} = N\bar{y}$。总体中具有某种特征的比例（总体比例）为 $P = \dfrac{A}{N} = \bar{Y}$，其中 A 是总体中具有某种特征的单元数。这时，总体比例 P 的简单估计量为 $\hat{P} = p = \dfrac{a}{n} = \bar{y} = \hat{\bar{Y}}$，其中 a 是样本中具有该特征的单元数。总体中两个不同变量的总和或均值之比为 $R = \dfrac{Y}{X} = \dfrac{\bar{Y}}{\bar{X}}$，其简单估计量为 $\hat{R} = r = \dfrac{\bar{y}}{\bar{x}}$，其中 $\bar{y}$ 和 $\bar{x}$ 分别是样本中两个变量的样本均值。

在简单随机抽样中，作为 $\bar{Y}$ 的简单估计 $\hat{\bar{Y}}$，$\hat{\bar{Y}} = \bar{y}$ 是无偏的。根据这一性质，我们可以得到以下推论：

$$E(\hat{Y}) = E(N\bar{y}) = N\bar{Y} = Y$$
$$E(\hat{P}) = E(p) = P$$

且当 n 较大时，$E(\hat{R}) = E(r) \approx R$。

（2）简单估计量 $\bar{y}$ 的方差与协方差。

在对样本进行抽样统计时，有限总体的方差通常表示为

$$S^2 = \frac{1}{N-1} \sum_{i=1}^{N} (Y_i - \bar{Y})^2$$

因为求和号中 N 个加项的自由度是 $N-1$，所以分母用 $N-1$ 代替 N。此外，在抽样调查中，统计量一般很大，因此用 $N-1$ 代替 N 并不会对方差产生较大影响。

在简单随机抽样中，$\bar{y}$ 的方差为

---

① 金勇进，杜子芳，蒋妍. 抽样技术 [M]. 北京：中国人民大学出版社，2015.

$$V(\bar{y}) = \frac{1-f}{n}S^2$$

其中，$\hat{Y} = N\bar{y}$的方差为 $V(\hat{Y}) = N^2\frac{1-f}{n}S^2$。

$\hat{P} = P$ 的方差为 $V(\hat{P}) = \frac{1-f}{n}\frac{1}{N-1}NP(1-P)$。其中，$1-f = \frac{N-n}{N}$ 称为有限总体校正系数。由于在对无限总体进行简单随机抽样时，N 通常非常大，因此 $V(\bar{y}) \approx \frac{1}{n}\sigma^2 \approx \frac{1}{n}S^2$。这意味着从有限总体中得到的简单随机样本均值方差是无限总体中相同数量独立样本均值方差的 $1-f$ 倍，可见在样本量相同时，不放回的简单随机抽样能比放回的随机抽样得出准确度更高的结论。

3. 比率估计量及其性质

比率估计量既可以指用于估计总体比率的估计量，又可以指根据总体总值、总体均值与总体比率之间的关系来估计总体总值、总体均值时所建立的估计量。总体总值、总体均值与总体比率之间的关系如下：

$$Y = RX, \quad \bar{Y} = R\bar{X}$$

以 R 代表总体比率，即可得到总体总值的比率估计量和总体均值的比率估计量。

（1）比率估计量。

在实际应用中，为了更加清楚地了解某些样本之间的联系，我们往往需要引入一些辅助变量。研究变量与辅助变量之比即此处所研究的比率。一般而言，辅助变量具有与主要变量高度相关、与主要变量关系稳定、已知、容易获得且成本低等特征。比率估计通常用于估算主要变量的总体总值和总体均值。主要变量的总体均值 $\bar{Y}$ 的比率估计量为

$$\hat{\bar{Y}}_R = \bar{y}_R = \bar{X}\frac{\bar{y}}{\bar{x}} = \frac{1}{N}X\hat{R}$$

主要变量的总体总值 Y 的比率估计量为

$$\hat{Y}_R = N\hat{\bar{Y}}_R = X\frac{\bar{y}}{\bar{x}} = X\hat{R}$$

其中，N 和 X 为已知量，$\hat{R}$ 为估计量。在简单随机抽样中，当 n 较大时，$\hat{Y}_R = N\bar{y}_R$ 的方差可以近似为

$$V(\hat{Y}_R) \approx N^2\frac{1-f}{n}\frac{1}{N-1}\sum_{i=1}^{N}(Y_i - RX_i)^2$$

（2）比率估计量的方差。

在计算比率估计量的方差时，我们通常利用 Y 和 X 的样本方差、样本协方差及样本比率来替代相应比率估计量方差中的总体方差、总体协方差及总体比率，具体如下：

$$\hat{V}(\bar{y}_R) \approx \frac{1-f}{n}(S^2 - 2\hat{R}S_{yx} + \hat{R}^2 s_x^2)$$

$$\hat{V}\left(\overline{Y}_R\right) \approx N^2\frac{1-f}{n}\left(S^2-2\hat{R}S_{yx}+\hat{R}^2s_x^2\right)$$

其中，s_y^2 是 Y 的样本方差，s_x^2 是 X 的样本方差，S_{yx} 是 Y 和 X 的样本协方差，$\hat{R}$ 是样本比率。

虽然比率估计量的计算比简单估计量复杂，但是比率估计量的精确度相对较高。

4. 回归估计量及其性质

回归估计量是指回归估计方法中用到的调查变量及与该变量有线性关系的辅助变量。和比率估计量一样，回归估计量也是一种常见的间接估计量。回归估计量的使用前提大致与比率估计量相同，都是在拥有与调查的主要变量高度相关的其他辅助变量时使用。回归估计量、比率估计量均依靠 $\overline{y}$ 和 $\overline{x}$ 及辅助变量来提高估计结果的精确度。与比率估计量不同的是，回归估计量是 $\overline{y}$ 和 $\overline{x}$ 的线性组合，而比率估计量反映 $\overline{y}$ 和 $\overline{x}$ 的比值关系。

（1）回归估计量。

假定主要变量是 Y、辅助变量是 X。通过简单随机抽样，我们获得 Y 与 X 的调查值 y_i 和 x_i，且 X 的总体总值是已知的。如果 Y 和 X 之间存在近似线性关系，且代表这种线性关系的直线并不通过由 X 和 Y 构成的平面直角坐标系的原点（截距不为零），那么此时利用比率估计则不合适。对此，可考虑通过构造 Y 与 X 的线性回归关系进行估计。在实际应用中，辅助变量 X 与比率估计量有相似的特点，如需要与主要变量高度相关、与主要变量关系稳定、容易获得且成本低等。

主要变量的总体均值 $\overline{Y}$ 的回归估计量定义如下：

$$\overline{y}_{\text{lr}} = \overline{y} + \beta(\overline{X} - \overline{x})$$

其中，lr 是线性回归（linear regression）的英文缩写，β 是回归系数，$\beta = -\dfrac{\partial(\overline{y}_{\text{lr}})}{\partial(\overline{x})}$，表示主要变量相对于辅助变量的变化率。$\beta = 0$ 时，$\overline{y}_{\text{lr}} = \overline{y}$；$\beta = \dfrac{\overline{y}}{\overline{x}}$ 时，$\overline{y}_{\text{lr}} = \overline{y}_R$；$\beta = 1$ 时，$\overline{y}_{\text{lr}} = \overline{y} + (\overline{X} - \overline{x}) = \overline{X} + (\overline{y} - \overline{x})$。由此可得，简单估计量和比率估计量都是回归估计量的特例。当 $\beta = 1$ 时，$\overline{y}_{\text{lr}}$ 称为差估计量。

同理可得，主要变量的总体总值 Y 的回归估计量为 $\hat{Y}_{\text{lr}} = N\hat{\overline{y}}_{\text{lr}}$。

（2）回归估计量的方差。

在简单随机抽样下，我们有如下公式：

$$E(\overline{y}_{\text{lr}}) = \overline{Y}$$

$$V(\overline{y}_{\text{lr}}) = \frac{1-f}{n}\frac{1}{N-1}\sum_{i=1}^{N}\left[(Y_i - \overline{Y}) - \beta_0(X_i - \overline{X})\right]^2$$

$$= \frac{1-f}{n}(S_y^2 + \beta_0^2 S_x^2 - 2\beta_0 S_{xy})$$

21

为了确保回归估计量的精确度更高，可以取使 $V(\bar{y}_{lr})$ 最小的 β_0 为

$$\beta_0 = B = \frac{S_{xy}}{S_x^2} = \rho\frac{S}{S_x}$$

其中，$\rho = \frac{S_{xy}}{S_x S_y}$ 为 Y 与 X 的相关系数。

当 n 足够大时，$\bar{y}_{lr}$ 的期望值为 $E(\bar{y}_{lr}) = \bar{Y}$；$\bar{y}_{lr}$ 的方差为 $V(\bar{y}_{lr}) \approx \mathrm{MSE}(\bar{y}_{lr}) \approx \frac{1-f}{n}S_y^2(1-\rho^2)$。

5. 不同估计量的精确度比较

由于样本量 n 足够大是进行比率估计和回归估计的前提，因此我们在对简单估计量、比率估计量、回归估计量进行比较时，必须以 n 为区分点。

（1）n 足够大时。

简单估计量：$V(\bar{y}) = \frac{1-f}{n}S^2$

比率估计量：$V(\bar{y}_R) \approx \frac{1-f}{n}(S^2 - 2R_\rho SS_x + R^2S_x^2)$

回归估计量：$V(\bar{y}_{lr}) \approx \frac{1-f}{n}S^2(1-\rho^2)$

由于 $\rho^2 \geq 0$，因此回归估计量一般优于简单估计量。

（2）n 不够大时。

当 n 不够大时，比率估计与回归估计就不符合使用条件。此时，套用公式就会高估估计量的精确度，而采用简单估计时得到的结果的精确度会更高。

（二）分层抽样（stratified sampling）

分层抽样是指首先根据某一维度或标准将总体分为若干层；其次在每层（子总体）中单独进行抽样；最后汇集从每层（子总体）中抽取的样本，形成总样本。分层抽样如图 3-1 所示。若每层（子总体）的抽样都遵循简单随机抽样原则，则这种抽样方式可以称为分层随机抽样。

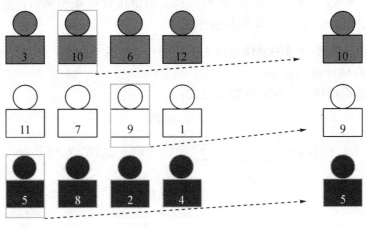

图 3-1　分层抽样

1. 分层抽样的优点及缺点

分层抽样有如下几个优点：首先，分层抽样将总体划分为若干相互独立的子总体，可以使研究者得到有关某些特定子总体的统计推断结果。其次，分层抽样估计量的方差只与层内方差有关，而与层间方差无关[①]，因此利用分层抽样可以得到更为可靠的统计估计结果（前提是将有关指标作为分层变量）。分层抽样的统计效率一般不会低于简单随机抽样的统计效率（前提是子总体与群体规模成比例）。再次，样本在总体中分布得更为均匀，也更具代表性。最后，由于每层都被视为一个独立群体，且不同的抽样方法可以应用于不同层，因此研究者可以使用成本最低、效果最好的抽样方法为每个确定的独立群体抽取调查个体。

分层抽样也有如下一些潜在的缺点：首先，确定层和实施分层抽样会增加样本选择的成本和复杂性，并导致估计难度的提升。其次，如果使用多个特征变量进行分层，那么不仅会增加设计的复杂性，而且会弱化层的特征。当需要估计总体的多个参数时，对某些参数而言，层之间的差异可能并不明显，即层间方差较小而层内方差较大，这样就会导致估计效果不佳。最后，在大多数情况下，分层抽样所需样本量不会多于简单随机抽样所需样本量。但在某些情况下，如果存在大量的层，而每层拥有指定的最小样本规模，那么分层抽样所需样本量可能多于其他方法所需样本量。

2. 分层抽样估计量及其性质[②]

分层抽样估计量的计算过程如下：首先根据各层样本数据计算出各层均值 $\bar{Y}_h$ 的估计值 $\hat{\bar{Y}}_h$；其次根据 $\hat{\bar{Y}}_h$ 与总体层权 W_h 的加权平均，得到总体均值 $\bar{Y}$ 的估计量，即

$$\hat{\bar{Y}}_{st} = \sum_{h=1}^{l} W_h \hat{\bar{Y}}_h = \frac{1}{N} \sum_{h=1}^{l} N_h \hat{\bar{Y}}_h$$

式中，st 是分层抽样（stratified sampling）的英文缩写。对分层随机抽样来说，由于每层的抽样都独立地按照简单随机抽样进行，因此 $\hat{\bar{Y}}_h$ 可以取为第 h 层的样本均值 $\bar{y}_h$。若将 $\bar{Y}$ 的简单估计量记为 $\hat{\bar{Y}}_{st}$，则有

$$\hat{\bar{Y}}_{st} = \sum_{h=1}^{l} W_h \bar{y}_h = \frac{1}{N} \sum_{h=1}^{l} N_h \bar{y}_h$$

由此进行相关证明，可得以下结论：

（1）对于分层随机抽样，$\hat{\bar{Y}}_{st}$ 是 $\bar{Y}$ 的无偏估计量。

（2）对于分层随机抽样，有 $V(\hat{\bar{Y}}_{st}) = \sum_{h=1}^{l} W_h^2 V(\hat{\bar{Y}}_h)$。

（3）对于分层随机抽样，$\bar{Y}$ 的估计量 $\bar{y}_{st}$ 具有以下性质：

$$E(\bar{y}_{st}) = \bar{Y}$$

① 巩红禹. 规模以下工业抽样调查中代表性样本的一种探索设计：平衡抽样设计 [J]. 统计与信息论坛，2017（4）：8-15.

② 金勇进，杜子芳，蒋妍. 抽样技术 [M]. 北京：中国人民大学出版社，2015.

$$V(\bar{y}_{st}) = \sum_{h=1}^{l} W_h^2 \frac{1-f_h}{n_h} S_h^2 = \sum_{h=1}^{l} W_h^2 S_h^2 \left(\frac{1}{n_h} - \frac{1}{N_h} \right)$$

对于分层随机抽样，$\bar{y}_{st}$ 的方差 $V(\bar{y}_{st})$ 的无偏估计量为

$$\hat{V}(\bar{y}_{st}) = \sum_{h=1}^{l} W_h^2 \frac{1-f_h}{n_h} s_h^2$$

$$= \sum_{h=1}^{l} W_h^2 s_h^2 \left(\frac{1}{n_h} - \frac{1}{N_h} \right)$$

$$= \sum_{h=1}^{l} \frac{W_h^2 s_h^2}{n_h} - \sum_{h=1}^{l} \frac{W_h s_h^2}{N}$$

式中，$s_h^2 = \dfrac{1}{n_h-1} \sum\limits_{i=1}^{n_h} (y_{hi} - \bar{y}_h)^2$ 是第 h 层样本的样本方差。

在分层随机抽样中，总体均值 $\bar{Y}$ 的无偏估计量为 $\bar{y}_{st}$，方差 $V(\bar{y}_{st})$ 的无偏估计量为 $v(\bar{y}_{st})$。因此，在正态分布下，当 $v(\bar{y}_{st})$ 能够确定时，总体均值 $\bar{Y}$ 的置信水平为 $1-\alpha$ 的置信区间为

$$\bar{y}_{st} \pm z_{\alpha/2} \sqrt{v(\bar{y}_{st})}$$

式中，$z_{\alpha/2}$ 为标准正态分布的上 $\alpha/2$ 分位点。

（三）系统抽样（systematic sampling）

1. 系统抽样概述

系统抽样也称间隔抽样，是指先按照某种方案对总体进行排序，然后按照一定间隔，采用等距原则从该总体中选择调查单元。

系统抽样一般在针对有序（也可以是按照某种方案的排序）总体的抽样时采用，首先需要随机选择抽样起点，其次需要从每 k 个元素中抽选一个个体，k 即抽样间隔。计算方式为 $k=$ 总体规模/样本规模。抽样起点并非固定的总体序列中的第一个元素，而是在第一个元素到第 k 个元素中随机选择的。抽样间隔为 3 的系统抽样如图 3-2 所示。

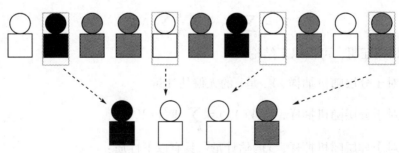

图 3-2　系统抽样（抽样间隔为 3）

例如，要从某公司的 1 000 名客户中抽选 50 名进行电话调查，则首先需要确定抽样间隔，即 $k=1\,000/50=20$；其次从 1~20 号中随机抽选一个样本作为起点；最后每隔 20 个号抽取一个样本。只要起点是随机的，系统抽样就是一种概率抽样。如

果列表中排序的变量与感兴趣的变量相关，那么系统抽样实现起来就很容易，且引入的分层可以使结果更加可靠。

又如，我们要在一个始于低收入家庭（1号房屋）而止于高收入家庭（1 000号房屋）的长街中抽样。如果采用简单随机抽样，则样本分布很容易不均匀，即总体偏向于低收入家庭较多或高收入家庭较多，导致最终抽出的是不具代表性的样本。但是，如果我们每隔10号房屋抽选一户，那么得到的样本就能覆盖整条街道，也就能够代表整条街道的情况（需要注意的是，如果我们总以1号房屋开始，而以991号房屋结束，那么得到的样本会轻微偏向于低收入家庭较多，而在1号至10号中随机选择抽样起点，就可以避免这种偏差）。

系统抽样具有以下两方面的缺点：

一是系统抽样容易受列表中数据的周期性影响。如果列表中的数据具有周期性，且周期是抽样间隔的倍数或因子，那么样本与总体的偏差会比较大，这会使得系统抽样的结果比简单随机抽样更不准确。例如，在一条街道中，奇数号房屋位于道路北侧（房价昂贵的一侧），偶数号房屋位于南侧（房价便宜的一侧）。利用上述抽样方案进行抽样，则无法获得有代表性的样本。这是因为，要么抽选的房屋都来自奇数号（房价昂贵的一侧），要么都来自偶数号（房价便宜的一侧）。除非调查人员事先了解这一规律，并通过跳跃抽选来避免此类情况，否则不能确保既抽中房价昂贵一侧的房屋，又抽中房价便宜一侧的房屋。

二是系统抽样的结果虽然比简单随机抽样的结果准确，但是这种准确度难以被量化。在上述两个有关系统抽样的例子中，抽样误差在极大程度上是由相邻房屋的差异造成的，且系统抽样从不选择两个相邻房屋，因此利用该方法抽选的样本也不会为调查人员提供任何有关这种差异的信息。总之，系统抽样是一种等概率抽样方法，使得所有元素具有相同的被抽中概率。然而，系统抽样并不属于简单随机抽样，因为在系统抽样中，不同的子集具有不同的被抽中概率，如子集 $\{4，14，24，\cdots，994\}$ 的被选择概率为十分之一，但子集 $\{4，13，24，34，\cdots\}$ 的被选择概率为零。

2. 等概率系统抽样及其估计量

在系统抽样中，最常用的方法是等距抽样。假定 N 是 n 的整数倍，此时各单元进入抽样框的概率相同。

对于系统抽样，样本均值 $\bar{y}_{sy}$ 是总体均值 $\bar{Y}$ 的无偏估计量，即 $E(\bar{y}_{sy}) = \bar{Y}$；$\bar{y}_{sy}$ 的方差为 $V(\bar{y}_{sy}) = E(\bar{y}_{sy} - \bar{Y})^2 = \dfrac{1}{k} \sum_{r=1}^{k} (\bar{y}_r - \bar{Y})^2$。

在系统抽样中，$\bar{y}_{sy}$ 的方差有如下三种表达式：

（1） $V(\bar{y}_{sy}) = \dfrac{N-1}{N}S^2 - \dfrac{k(n-1)}{N}S_{wsy}^2$

式中，S^2 为总体方差，S_{wsy}^2 为系统样本内方差。根据上式可知，增大 S_{wsy}^2 可以提高系统抽样的精确度，即系统样本内方差越大，则估计量方差就越小。

（2） $V(\bar{y}_{sy}) = \dfrac{S^2}{n} \left(\dfrac{N-1}{N} \right) \left[1 + (n-1) \rho_{wsy} \right]$

式中，ρ_{wsy} 是样本内相关系数。

$$(3)\quad V(\bar{y}_{sy}) = \frac{1-f}{n}S_{wst}^2\left[1+(n-1)\rho_{wst}\right]$$

式中，S_{wsy}^2 为层内方差，ρ_{wst} 为同一系统样本内对层均值差的相关系数。当 $\rho_{wst}>0$ 时，分层抽样的精确度高于系统抽样的精确度；$\rho_{wst}<0$ 时，分层抽样的精确度低于系统抽样的精确度；$\rho_{wst}=0$ 时，两者的精确度相同。

3. 不等概率系统抽样及 πPS 抽样

不等概率抽样要求在抽取样本前为总体的每个个体规定被抽中的概率。不等概率抽样具体包括放回的不等概率抽样与不放回的不等概率抽样两种情况。放回的不等概率抽样通常根据总体规模确定个体的抽选概率；不放回的不等概率抽样是指样本在抽选后就退出样本群，不能再被抽取。相对而言，不放回的不等概率抽样实施起来比较困难，它要求做到第 j 个个体被抽中的概率为 π_j，在样本容量为 n 时，N 个个体被抽中的概率之和等于 n。

不等概率系统抽样是一种不放回的不等概率抽样方法，兼具系统抽样与不等概率抽样的优势，方便操作且效率高。近年来，与单元大小成比例的不放回的不等概率抽样（πPS 抽样）受到人们的青睐。这种方法能够在任意样本量下使用，弥补了系统抽样方差难以估计的不足。这种抽样方法的操作流程如下：从总体中抽取样本时，需借助某些可以衡量总体大小或规模（M_i）的辅助变量，以确定每个具体单元的入样概率（Z_i）或包含概率（π_i，π_{ij}）。

例如，对总体中的 N 个单元按照某种标准进行排序，设第 i 个初级单元包含的基本单元数为 M_i，并定义 $M_0 = \sum\limits_{i=1}^{N} M_i$，则每个初级单元的入样概率为 $\pi_i = \dfrac{nM_i}{M_0}$。根据定义，所有初级单元的入样概率之和满足：$\sum\limits_{i=1}^{N}\pi_i = n$。πPS 系统抽样要求先在区间 $[0,1]$ 随机抽取实数 r，将满足条件 $\sum\limits_{j=1}^{ik-1}\pi_i < r+k$，以及 $\sum\limits_{j=1}^{ik}\pi_i \geqslant r+k\,(k=0,1,2,\cdots,n-1)$ 的初级单元 i_0，i_1，$\cdots$，i_{n-1} 列入样本。在进行抽样时，通常使用与规模成比例的概率抽样（PPS 抽样）方法。后文会对这种方法进行具体介绍。

在使用 πPS 抽样方法时，要格外注意那些规模特别大的单元。如果某个初级单元的 $M_i>k$，那么该单元肯定会出现在样本中，甚至可能重复出现，这会影响后面的研究。为了避免这种情况，研究人员需要事先找出此类单元，并将其直接放入样本，然后对剩余单元进行抽样。

（四）整群抽样（cluster sampling）

1. 整群抽样概述

整群抽样是指首先将总体划分为若干群，然后以群（cluster）为抽样单元，从中随机抽取一部分，并对被选群内所有单元进行调查的一种抽样方法[①]。在整群抽样中，群大致有如下两种形式：第一种，基于行政区划或地域形成的群，如行政社

---

① 杨扬，黄辰，李俊. 我国典型抽样方法的研究现状及定性比较［J］. 现代经济信息. 2015（5）：127-128.

区或村落、学校、企事业单位等；第二种，由调查单位或调查人员主观确定的群。为了保证每个群都具有较好的代表性，我们应尽可能使群之间的差异较小，而群内的差异较大。

在整群抽样的实际运用中，人们一般会采用地域空间原则或时间段原则对总体进行划分，以形成若干群，且群内大部分单元是高度聚集的（见图3-3）。例如，中国家庭金融调查（CHFS）抽选县（区、县级市）–社区（村）的过程，其实就是整群抽样的过程。

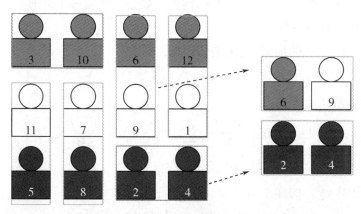

图 3-3　整群抽样

相对于其他抽样方式而言，整群抽样抽取的样本具有显著的聚集性，这能在极大程度上降低后期实地调查过程中的交通成本、管理成本等。由于调查人员可以在一个较小的区域完成全部任务，因此可以减少往返路费，从而降低开支。

此外，整群抽样意味着项目组无须收集、罗列所有调查对象以构建抽样框，而只需采集被选群内调查对象的信息。对诸多社会调查而言，收集、罗列某个省（自治区、直辖市）或某个市（州）所有符合条件的调查对象，是不可能完成的工作。整群抽样则仅要求收集、罗列一个较小群内的调查对象。例如，在对某市中小学教师开展抽样调查时，调查人员首先可以将该市的每所学校分别视为一个群，其次抽选若干学校，最后对被选学校内的教师进行调查。

在整群抽样中，我们可以基于群规模的不同而采用不同的抽样方法。对规模相等的群，可以采取简单随机抽样。然而，在大多数的实际抽样中，群规模是不相等的，对此，最有效的方法是采用与群大小成比例的不等概率抽样。整群抽样相对简单随机抽样而言，增强了样本估计值的变异性，而这种变异性取决于群与群之间的差异性。这导致整群抽样只有比简单随机抽样有更多的样本，才能达到与简单随机抽样相同的精确度。但如果综合考虑成本、适用性等因素，整群抽样在大型社会抽样调查中仍是一个较优的选择。

2. 群规模相等时的估计量

假设总体中有 N 个群，每个群包含的单元数 M 相等，即 $M_i = m_i = M$。在群规模相等的情况下，整群抽样一般采用简单随机抽样方法来抽取群。这时，对总体均值或总体总值的估计变得十分简单，即只需把群均值或群总值作为观测值，设定抽样比为 $f = \dfrac{n}{N}$，并直接应用简单随机抽样估计量。具体步骤如下：

总体均值 $\bar{\bar{Y}}$ 的估计量为

$$\bar{\bar{y}} = \sum_{i=1}^{n} \sum_{j=1}^{M} \frac{y_{ij}}{nM} = \frac{1}{n} \sum_{i=1}^{n} \bar{y}_i$$

其中，$\bar{y}_i$ 是第 i 个群的样本均值，n 是抽样群的数量，M 是每个群的单元数。

有如下可证明的定理：

（1）估计量 $\bar{\bar{y}}$ 是总体均值 $\bar{\bar{Y}}$ 的无偏估计量，即

$$E(\bar{\bar{y}}) = \bar{\bar{Y}}$$

（2）估计量 $\bar{\bar{y}}$ 的方差为

$$V(\bar{\bar{y}}) = \frac{1-f}{n} \frac{1}{N-1} \sum_{i=1}^{N} (\bar{Y}_i - \bar{\bar{Y}})^2 = \frac{1-f}{nM} S_b^2$$

其中，S_b^2 是群间方差，表示群均值之间的方差。

（3）方差 $V(\bar{\bar{y}})$ 的样本估计为

$$v(\bar{\bar{y}}) = \frac{1-f}{nM} s_b^2$$

由于 s_b^2 是 S_b^2 的无偏估计量，因此 $v(\bar{\bar{y}})$ 是 $V(\bar{\bar{y}})$ 的无偏估计量。

总体总值 Y 的估计量及其方差可由上述结果推导得出，即

$$\hat{Y} = NM\bar{\bar{y}} = \frac{N}{n} \sum_{i=1}^{n} y_i$$

其方差为

$$V(\hat{Y}) = V(NM\bar{\bar{y}}) = N^2 M^2 V(\bar{\bar{y}}) = N^2 M \frac{1-f}{n} S_b^2$$

方差的样本估计为

$$v(\hat{Y}) = N^2 M^2 v(\bar{\bar{y}}) = N^2 M \frac{1-f}{n} s_b^2$$

3. 群规模不相等时的估计量

群规模相等是一种比较理想的状况。实际上，在大多数抽样调查中，群规模是不相等的。当群规模不相等时，如果采用等概率的方式从 N 个群中抽取 n 个群样本，那么简单估计量就会产生偏差。尤其是在群规模 M_i 差异较大，且群均值 $\bar{y}_i$ 与 M_i 高度相关时，简单估计量的偏差会更大。此时，可以考虑以下两种估计方法：无偏估计和比率估计。

①无偏估计。

首先，用群规模 M_i 乘以群均值 $\bar{y}_i$，计算出每个群的观察总值 y_i；其次，对抽选的 n 个群样本的 y_i 计算群总和均值 $\bar{y}$；最后，用 $\bar{y}$ 除以 N 个群的平均规模 $\bar{M}(\bar{M} =$

$\dfrac{\sum\limits_{i=1}^{M} M_i}{N}$），则总体均值估计为

$$\bar{\bar{y}} = \sum_{i=1}^{n} \frac{M_i \bar{y_i}}{n\bar{M}} = \frac{1}{n\bar{M}} \sum_{i=1}^{n} y_i = \frac{\bar{y}}{\bar{M}} = \frac{\bar{y}N}{\bar{M}N} = \frac{\hat{Y}}{M_0}$$

根据上述估计式，总体总值 Y 可以估计为

$$\hat{Y} = M_0 \bar{\bar{y}}$$

其中，$M_0 = \sum\limits_{i=1}^{N} M_i$，表示总体的基本单元总数。但是，在整群抽样中，通常没有总体基本单元的抽样框。由于总体的群数 N 是已知的，因此我们可以采用另一种方式进行估计，即

$$\hat{Y} = \frac{N}{n} \sum_{i=1}^{n} y_i$$

总体总值估计量的方差为

$$V(\hat{Y}) = \frac{N^2(1-f)}{n} \frac{\sum\limits_{i=1}^{N}(Y_i - \bar{Y})^2}{N-1}$$

其无偏估计量为

$$v(\hat{Y}) = \frac{N^2(1-f)}{n} \frac{\sum\limits_{i=1}^{N}(y_i - \bar{y})^2}{n-1}$$

总体均值估计量的方差为

$$V(\bar{\bar{y}}) = \frac{1}{M_0^2} V(\hat{Y})$$

$$= \frac{N^2(1-f)}{M_0^2 n} \frac{\sum\limits_{i=1}^{N}(Y_i - \bar{Y})^2}{N-1}$$

上文中的方法考虑了群规模 M_i，因此我们可以将估计量 $\bar{\bar{y}}$ 和 $\hat{Y}$ 分别视为总体均值 $\bar{\bar{Y}}$ 和总体总值 Y 的无偏估计量。此外，群总值 Y_i 之间的差异会影响估计量的方差。当群规模 M_i 差异较大时，会造成 Y_i 之间的差异变大，从而降低估计量 $\bar{\bar{y}}$ 和 $\hat{Y}$ 的精确度。

②比率估计。

假定 y_i 与辅助变量 M_i 是相关的，那么总体均值的比率估计量为

$$\bar{\bar{y}}_R = \frac{\sum\limits_{i=1}^{n} y_i}{\sum\limits_{i=1}^{n} M_i}$$

根据比率估计量的性质可知，这是一个有偏估计。但是，当群样本数 n 很大时，偏差会变得很小，甚至可以忽略不计。

29

基于上述比率估计量，可以得到如下有关总体总值 Y 的比率估计量计算公式：

$$\hat{Y}_R = M_0 \overline{\overline{y_R}} = M_0 \frac{\sum\limits_{i=1}^{n} y_i}{\sum\limits_{i=1}^{n} M_i}$$

估计量 $\overline{\overline{y_R}}$ 与 $\hat{Y}_R$ 的方差计算公式为

$$V(\overline{\overline{y_R}}) \approx \frac{1-f}{n \overline{M}^2} \frac{(Y_i - \overline{\overline{Y}} M_i)^2}{N-1}$$

$$= \frac{1-f}{n \overline{M}^2} \frac{\sum\limits_{i=1}^{N} M_i^2 (\overline{Y}_i - \overline{\overline{Y}})^2}{N-1}$$

$$V(\hat{Y}_R) \approx M_0^2 V(\overline{\overline{y_R}}) = N^2 \overline{M}^2 V(\overline{\overline{y_R}})$$

$$\approx \frac{N^2(1-f)}{n} \frac{\sum\limits_{i=1}^{N} (Y_i - \overline{\overline{Y}} M_i)^2}{N-1}$$

$$= \frac{N^2(1-f)}{n} \frac{\sum\limits_{i=1}^{N} M_i^2 (\overline{Y}_i - \overline{\overline{Y}})^2}{N-1}$$

根据上述计算公式可知，群的个体均值 $\overline{Y}_i$ 之间的差异在极大程度上影响了 $\overline{\overline{y_R}}$ 与 $\hat{Y}_R$ 的方差。考虑到 $\overline{Y}_i$ 之间的差异比 Y_i 之间的差异小得多，因此当样本量比较大时，比率估计量比无偏估计量的精确度更高。

（五）多阶段抽样（multi-stage sampling）

1. 多阶段抽样概述

简单随机抽样和分层随机抽样都属于单阶段抽样，即可以一次性完成样本抽选。若要大范围地进行抽样，如在全国或某一城市调查数以百万计的居民，则样本抽选很难通过单阶段抽样来实现，此时我们需要采用多阶段抽样。

多阶段抽样是一种在诸多社会调查项目中运用得非常广泛的分阶段进行、层层深入的抽样方法。具体而言，多阶段抽样操作如下：首先，通过第一阶段抽样，从总体中抽选一定的样本，构成第一阶段抽样单位；其次，通过第二阶段抽样，从第一阶段抽样单位中抽选一定的样本，从而构成第二阶段抽样单位。依次类推，直到抽出最终样本。以二阶段为例的多阶段抽样如图3-4所示。

多阶段抽样主要有两个方面的优点。一方面，多阶段抽样与整群抽样类似，即采集的样本具有较强聚集性，有助于降低成本。同时，多阶段抽样无须收集、罗列所有调查对象以构建抽样框。在第一阶段抽样时，仅需从总体中抽选一定数量的样本，构成第一阶段抽样单位；在第二阶段抽样时，仅需从第一阶段抽样单位中抽选一定数量的样本，从而构成第二阶段抽样单位。最终抽出具体的调查样本。这极大

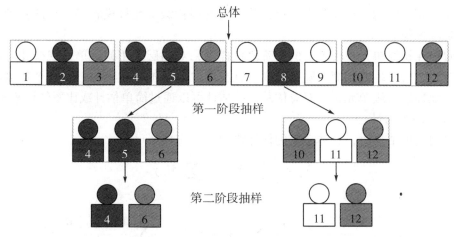

图 3-4　多阶段抽样（以二阶段为例）

地降低了样本框编制的难度。另一方面，在多阶段抽样的每个阶段，我们都可以采用多种不同抽样方法，如分层抽样、整群抽样、系统抽样等，以最大限度地融合不同抽样方式的优点。因此，多数大型社会抽样调查项目会采用多阶段抽样。

2. 初级单元规模相等的多阶段抽样

假设某个总体含有 N 个初级单元，则初级单元规模相等的二阶段抽样流程如下：在第一阶段，采用简单随机抽样方法，从总体中抽选 n 个初级单元。这几个初级单元中，每个初级单元都含有 M 个次级单元。在第二阶段，再次采用简单随机抽样方法，从每个抽选的初级单元中抽取 m 个次级单元。由于两个阶段都采用了简单随机抽样方法，且在第二阶段抽样过程中，对每个初级单元都独立地抽取次级单元，因此总体均值 $\bar{\bar{Y}}$ 的无偏估计量为

$$\hat{\bar{Y}} = \bar{\bar{y}} = \frac{1}{n} \sum_{i=1}^{n} \bar{y}_i = \frac{1}{mn} \sum_{i=1}^{n} \sum_{j=1}^{m} y_{ij}$$

其中，$\bar{y}_i$ 是第 i 个初级单元的次级单元均值，y_{ij} 是第 i 个初级单元中第 j 个次级单元的观测值。

总体均值 $\bar{\bar{Y}}$ 的方差为

$$V(\bar{\bar{y}}) = \frac{1-f_1}{n} S_1^2 + \frac{1-f_2}{nm} S_2^2$$

方差 $V(\bar{\bar{y}})$ 的无偏估计量如下：

$$v(\bar{\bar{y}}) = \frac{1-f_1}{n} s_1^2 + \frac{1-f_2}{nm} s_2^2$$

其中 $S_2^2 = \frac{1}{N} \sum_{i=1}^{N} S_{2i}^2$，$s_2^2 = \frac{1}{n} \sum_{i=1}^{n} s_{2i}^2$。

3. 初级单元规模不等的多阶段抽样

在使用多阶段抽样方法时，我们经常会遇到初级单元规模不等的情况。这时，通常可以先对初级单元进行分层，再依据某些衡量初级单元规模的辅助指标，将同

类或规模相近的初级单元分在同层，并在层内视初级单元规模相等，在此基础上进行多阶段抽样。

假定在初级单元规模不等的两阶段抽样中，对同层采用初级单元规模相等的方式，对两个阶段均使用简单随机抽样，且在第二阶段抽样过程中，对每个初级单元都独立地抽取次级单元，则对总体总值的估计可以通过简单估计或比率估计来实现。

（1）简单估计。

采用简单估计时，总体总值的估计式为

$$\hat{Y}_u = \frac{N}{n}\sum_{i=1}^{n}\hat{Y}_i = \frac{N}{n}\sum_{i=1}^{n}M_i\bar{y}_i$$

其方差为

$$V(\hat{Y}_u) = \frac{N^2(1-f_1)}{n}\frac{1}{N-1}\sum_{i=1}^{N}(Y_i-\bar{Y})^2 + \frac{N}{n}\sum_{i=1}^{N}\frac{(1-f_{2_i})M_i^2}{m_i}S_{2_i}^2$$

$V(\hat{Y}_u)$ 的无偏估计量为

$$v(\hat{Y}_u) = \frac{N^2(1-f_1)}{n}\frac{1}{n-1}\sum_{i=1}^{n}(\hat{Y}_i-\hat{Y}_u)^2 + \frac{N}{n}\sum_{i=1}^{n}\frac{(1-f_{2_i})M_i^2}{m_i}s_{2_i}^2$$

式中，$\hat{Y}_u = \frac{1}{n}\sum_{i=1}^{n}\hat{Y}_i$。当 M_i/m_i（或 $f_{2_i}=m_i/M_i$）为常数时，我们可以称估计量 $\hat{Y}_u$ 是自加权的。当某个估计量被定义为样本观测值总和的常数倍数时，我们可以称这个估计量是自加权的。

（2）比率估计。

当初级单元规模 M_i 不等时，初级单元的观测值 Y_i 通常也会不一样。尤其是在初级单元规模差异极大时，初级单元的观测值 Y_i 的差异也会极大，进而导致估计量的方差非常大。针对此种情况，我们在对总体总值进行估计时，可以采用比率估计量，并将初级单元规模 M_i 作为辅助变量。总体总值的估计式为

$$\hat{Y}_R = M_0\frac{\sum_{i=1}^{n}M_i\bar{y}_i}{\sum_{i=1}^{n}M_i} = M_0\frac{\sum_{i=1}^{n}\hat{Y}_i}{\sum_{i=1}^{n}M_i}$$

根据上述估计式可知，当样本量足够大时，该估计量的偏差会大幅度减小，直至接近0。近似均方误差及样本估计值分别为

$$\mathrm{MSE}(\hat{Y}_R) \approx \frac{N^2(1-f_1)}{n}\frac{1}{N-1}\sum_{i=1}^{N}M_i^2(\hat{Y}_i-\bar{\bar{Y}})^2 + \frac{N}{n}\sum_{i=1}^{N}\frac{(1-f_{2_i})M_i^2}{m_i}S_{2_i}^2$$

$$v(\hat{Y}_R) = \frac{N^2(1-f_1)}{n}\frac{1}{n-1}\sum_{i=1}^{n}M_i^2(\hat{y}_i-\hat{\bar{Y}}_R)^2 + \frac{N}{n}\sum_{i=1}^{n}\frac{(1-f_{2_i})M_i^2}{m_i}s_{2_i}^2$$

式中，$\hat{\bar{Y}}_R = \frac{\hat{Y}_R}{M_0} = \frac{\sum_{i=1}^{n}M_i\bar{y}_i}{\sum_{i=1}^{n}M_i}$。

（六）与规模成比例的概率抽样

在多数抽样调查实践中，抽样单元规模是不等的。当采用简单随机抽样时，样本估计值的误差会随单元之间差异的增大而变大。为了控制这种差异对估计值的影响，在抽样过程中，我们可以使用不等概率抽样方法，让规模较大单元或重要单元的入样概率适当提高，而让规模较小单元或次要单元的入样概率适当降低。据此，人们提出了每个单元在每次抽样中的概率与其规模成比例的抽样方法，这种放回的、与规模成比例的概率抽样就是 PPS（probability proportional to size）抽样[①]。具体而言，PPS 抽样是一种使用辅助信息的抽样方式，它使得每个单元都有与其规模成比例的被抽中概率，以最大限度地减小抽样误差，从而达到提高估计量精确度的目的。PPS 抽样的实施方法主要有累积总和法、拉希里法、规模累积等距抽选法等[②]。

（七）概率抽样的优势与不足

概率抽样的优势在于，其抽选的样本能在某些维度上较好地反映总体的内在结构，从而成为总体的一个"缩影"，进而具备对总体的良好代表性。概率抽样依据的是大数定律，能够计算和控制抽样误差，即可以较为准确地说明样本在统计学上多大程度地符合总体情况。也就是说，利用概率抽样，我们可以根据对样本的调查结果，推断总体在某些方面的特征[③]。从这个角度讲，如果调查人员对数据质量有较高要求，需要将抽样误差控制在一定范围内，那么其应该采用概率抽样方式。

显然，概率抽样抽取的样本越多，则数据质量就会越高，抽样误差也就会越小。但在实际调查中，成本问题不可忽视。成本会随样本量的增加而提升，但成本的提升与数据质量的提高并不呈线性关系。当样本达到一定规模后，继续增加样本量，反而会使得抽样误差减小得越来越慢。因此，在控制成本与减小抽样误差之间寻找一个平衡点也是项目组需要考虑的重点内容。

尽管概率抽样具有代表性好、抽样误差能够计算和控制等优点，但也存在一些缺陷。这些缺陷是概率抽样在实地调查应用中受限的重要影响因素。首先，概率抽样需要大量资料和时间。要保证样本情况与总体结构趋于一致，就需要事先对总体结构有一定的了解。由于许多数据、资料的调阅需要遵守严格的规定，履行相应的程序，因此这些数据、资料的获得一般需要经历较长的时间。其次，费用相对较高。由于概率抽样需要完整的抽样框，因此在建立抽样框的过程中，项目组往往需要安排专门人员收集有关基本抽样单元的信息，包括住户分布图、户主名单、家庭地址等。此外，项目组需要派出大批调查人员前去实地走访、绘制地图。这就导致概率抽样的费用往往较高。例如，中国家庭金融调查（CHFS）、中国健康与养老追踪调查（CHARLS）、中国家庭追踪调查（CFPS）、中国综合社会调查（CGSS）等大型社会抽样调查都需要有力的经费保障。最后，执行难度较大。通过概率抽样抽取样本的工作是在实地调查执行前完成的，因此调查人员会尽力成功访问已抽中的样本，这就不可避免地导致多次入户、被拒访等情况，从而增大调查难度。

---

① 王峰. 排序下 PPS 抽样估计量的修正与应用 [J]. 数理统计与管理，2019（6）：1005-1013.
② 赵杉. 对应用 PPS 抽样方法开展城镇居民问卷调查效果的评估 [J]. 金融发展研究，2018（9）：46-50.
③ 许远. 数据库系统管理初步 [M]. 北京：电子工业出版社，2009.

二、非概率抽样（non-probability sampling）

非概率抽样是指调查人员根据自己的主观判断抽取样本的方法。非概率抽样不要求严格按照随机抽样原则来抽取样本，因此失去了大数定律的支撑，也就无法确定抽样误差，即无法准确地说明样本特征在多大程度上与总体特征相匹配[①]。非概率抽样的具体方法主要有任意抽样、判断抽样、滚雪球抽样、配额抽样等。

（一）任意抽样（convenience sampling）

任意抽样是指调查人员从便利的角度出发，根据自身情况，采用随意性原则抽选样本，并开展调查的方法，如街头拦访。这是指在大街、道路上寻找任意一个符合基本条件的行人，向其询问相关问题或让其填写事先设计好的调查问卷。任意抽样是操作起来最为简单，也最为随意的一种非概率抽样方式。

（二）判断抽样（judgement sampling）

判断抽样是指调查人员根据调查项目的需求，结合客观实际，从总体中抽选部分具备一定代表性的单位进行调查的方法。判断抽样会考虑总体的某些特征，尽量使样本与总体在这些特征方面相契合，从而有效提高样本的代表性。例如，某部门想了解全市中小学教师对教学改革方案的意见，选择三所学校 A、B、C 作为样本并进行调查。选择学校的过程就是判断抽样的应用。从这个例子中，我们可以看出，判断抽样高度依赖调查人员对调查对象的认知程度，若调查人员不熟悉全市中小学的情况，或者不了解教学改革的目标，就无法充分发挥出判断抽样的优势。

（三）滚雪球抽样（snowball sampling）

滚雪球抽样是一种非常形象的描述。其具体操作流程如下：首先，采用其他抽样方式，抽取少量样本进行调查；其次利用这些样本的推荐或介绍，逐步引入更多的样本参与调查；最后，样本的增加如同"滚雪球"一样，使得规模不断扩大，直至达到既定目标。

滚雪球抽样的实施前提是样本之间具有一定的关联性，以便调查样本能够向调查人员提供其认识的合格样本。当调查人员对调查总体的情况缺乏了解时，滚雪球抽样就成为一种较为适宜的方式。但是，滚雪球抽样抽取的样本不具有充足的代表性，因此估计误差不可避免。例如，在调查某地区老年人的时间利用情况时，调查人员可以先前往老年人聚集的公园、茶馆等场所，结识几位老年人并对他们开展调查，再邀请这几位老年人介绍其他老年人参与调查。有些老年人因身体不便或性格内向而较少出门活动或与他人交往。这样，调查人员就很难了解、接触到这部分老年人，但这部分老年人的时间利用情况也是此项调查中不可缺少的重要组成部分。

（四）配额抽样（quota sampling）

配额抽样也称定额取样，是一种特殊的"分层+判断"的抽样模式。其具体操作方法如下：首先，按照确定的几个特征维度，如年龄、受教育程度、收入水平、所在行业、所处地区等，将调查对象总体分为若干层级或类别。这需要调查人员了

① 刘学华. 统计学原理［M］. 上海：立信会计出版社，2012.

解、熟悉调查项目的基本情况、调查目标等，并在此基础上作出合理判断。在这个过程中，要确保样本在确定的特征维度方面与总体趋于一致。其次，在不同层级或类别中抽取所需的适量样本。

配额抽样通常适用于调查对象总体规模较大，且调查人员对调查对象总体特征较为了解的情况。例如，在对某市企业生产经营情况开展摸底调查时，调查人员可以先依据行业分布和企业规模对调查对象总体进行分类，然后根据各类企业占该市全部企业的比重，从中抽取适量样本开展调查。可见，配额抽样是一种相对容易实施的抽样方式，既对总体具有一定的代表性，又能节约成本。

三、概率抽样与非概率抽样对比

与概率抽样相比，非概率抽样具有操作简单、实施容易、费用偏低、耗时较少等优点。因此，在某些社会调查项目中，非概率抽样更受青睐。原因如下：

第一，在调查对象总体界定不清，相关资料、信息匮乏，抽样框无法构建时，非概率抽样就成为一种较好的选择。

第二，在调查目的仅仅是初步探索有关问题，获得研究线索，提出研究假设，而不是根据样本特征推测总体情况时，概率抽样就不是必然选择[①]。

但非概率抽样也存在不容忽视的缺陷：其较为依赖调查人员的主观判断，这会导致样本代表性难以得到严格把控，进而造成研究人员无法根据样本特征推测总体情况。因此，在多数社会调查工作中，项目组会将概率抽样与非概率抽样结合起来使用。

第三节　抽样误差

在抽样工作中，以样本统计指标代替总体实际指标可能导致两类误差：第一类是由主观因素破坏随机原则而产生的误差，即系统性误差，如观察、测量、登记或计算样本所产生的误差；第二类是由抽样随机性引起的偶然的代表性误差，即在利用样本代替总体时，样本结构与总体结构不完全契合而引起的误差[②]。系统性误差可以通过调查人员严守抽样标准、严控抽样流程来减小，因此在许多有关抽样论述的文献中，抽样误差（sampling error）一般指第二类误差，而非第一类误差。

通俗来讲，抽样误差被定义为样本统计指标与总体实际指标之间的绝对偏差。要想利用样本特征推测总体情况，就必须确保样本的内在结构完全契合总体的内在结构，这在实际抽样工作中是难以实现的。因此，抽样误差的产生不可避免。

虽然抽样误差无法避免，但我们可以运用大数定律进行精确计算，确定数量界限，从而通过抽样设计对其加以控制[③]。

① 陶保平，黄河清. 教育调查 [M]. 上海：华东师范大学出版社，2005.
② 边丽洁，高淑东. 统计学原理与工业统计学 [M]. 上海：立信会计出版社，2004.
③ 田爱国. 统计学 [M]. 北京：中国铁道出版社，2004.

在社会调查项目中，调查人员大多会将抽样误差作为评估调查质量的指标之一，即抽样误差越大，则样本对总体的代表性就越差，用样本估计量推测的有关总体特征的结论就越不可靠。

一、抽样误差的常见表现形式

（一）抽样实际误差

抽样实际误差指样本统计量（如样本平均数或样本比例）与总体指标（如总体平均数或总体比例）之间的差异，这种差异主要是由随机因素导致的。因此，即使在完全随机抽样的情况下，每次抽取的样本也会有所不同。抽样实际误差可以通过扩大样本规模来减小，但无法完全消除。此外，在大多数社会调查项目中，有关样本统计量或总体参数的真实信息难以获得，因此抽样实际误差也难以准确计算。

（二）抽样平均误差

抽样平均误差也称标准误差，主要用于衡量多次抽样时样本统计量与总体参数之间差异的平均水平。由于抽样实际误差难以准确计算，因此调查人员一般会选择用抽样平均误差来判定抽样误差。假设从 N 个总体中抽取含有 n 个对象的样本，则可能的样本组合会有多个，不同样本的指标（如样本平均数）会有所差异，这就意味着样本指标实际上是一个随机变量。相应地，样本指标与总体指标之间的离差也构成一个随机变量，换句话说，抽样误差也是一个随机变量。

在实际抽样工作中，调查人员只会从所有可能的样本中抽取一个样本进行调查，但在估计总体情况时，往往需要测算出所有可能样本误差的平均值，即抽样平均误差，以反映抽样误差的平均水平。由于所有可能样本平均数的平均值等于总体平均数，样本比例的平均值等于总体比例，因此我们不能简单地使用算术平均的方法来计算抽样平均误差，而应采取标准差的方法来计算抽样平均误差[①]。具体计算公式如下：

$$\mu_{\bar{x}} = \sqrt{\frac{\sum (x - \bar{X})^2}{k}}$$

$$\mu_{\bar{p}} = \sqrt{\frac{\sum (p - \bar{P})^2}{k}}$$

其中，$\mu_{\bar{x}}$ 代表样本平均数的抽样平均误差，$\mu_{\bar{p}}$ 代表样本成本的抽样平均误差，k 代表所有可能样本的数量。

（三）抽样极限误差

抽样极限误差指用绝对值表示的样本指标与总体指标偏差的最大允许范围，也称允许误差。它表示以样本统计量估计总体指标时所允许的最大抽样误差范围[②]。抽样极限误差用公式表示如下：

$$| \bar{x} - \bar{X} | \leq \Delta_{\bar{x}}$$

---

① 卫爱华. 统计学 ［M］. 北京：北京邮电大学出版社，2012.
② 同①.

$$|p - P| \le \Delta_{\bar{p}}$$

对上述不等式进行变换，可得：

$$\bar{x} - \Delta_{\bar{x}} \le \overline{X} \le \bar{x} + \Delta_{\bar{x}}$$
$$p - \Delta_{\bar{p}} \le P \le \bar{p} + \Delta_{\bar{p}}$$

其中，$\Delta_{\bar{x}}$、$\Delta_{\bar{p}}$分别表示样本平均数和样本比例的抽样极限误差。上述公式表示，在一定概率下，样本指标（$\bar{x}$或p）与总体指标（$\overline{X}$或P）之间的绝对误差值不超过$\Delta_{\bar{x}}$或$\Delta_{\bar{p}}$。抽样极限误差越小，则样本指标和总体指标之间的误差就越小，对总体情况的估计也就越准确。

二、抽样误差的影响因素

抽样误差由多方面的影响因素导致。各种影响因素的共同作用使得抽样误差难以被准确测量。具体的影响因素如下：

（一）样本量

在其他条件相同的情况下，若抽取的样本量越大，则样本特征就越接近总体情况，抽样误差也越小。毋庸置疑，如果调查人员能够开展普查，那么抽样误差将基本不存在。但是，抽样误差的减小与样本量的增加并不呈线性关系，而与样本量的平方根成反比（见图 3-5）。这意味着，当样本量达到一定规模后，继续增加样本就不再是一种合算的做法。

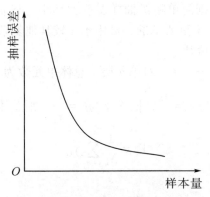

图 3-5　抽样误差与样本量的关系

（二）总体标志

在其他条件不变的情况下，若总体标志的变异程度越低，则抽样误差就越小；若总体标志的变异程度越高，则抽样误差就越大。也就是说，抽样误差和总体标志的变异程度成正比[1]。

（三）抽样方法

采用不同的抽样方法会产生不同的抽样误差。重复抽样会比不重复抽样产生的抽样误差更大。

---

[1]　高嘉英，谭常杰. 新编统计学［M］. 北京：人民出版社，1996.

（四）抽样组织方式

采用不同的抽样组织方式会产生不同的抽样误差。这是因为不同的抽样组织方式抽中的样本，对总体的代表性不同。通常，我们会结合不同的抽样误差，确定采用何种抽样组织方式[①]。

三、抽样误差估计

在抽样工作中，准确把握抽样误差至关重要。尤其是在采用概率抽样方法时，由于其抽样误差是能够计算的，因此我们需要根据所选用的具体抽样方式，对抽样误差进行有效控制。

（一）简单随机抽样误差估计

按照均等的概率，从所有可能的 N 个总体中随机抽取 n 个不同的单元构成样本，则样本均值 $\bar{y} = \frac{1}{n} \sum_{i=1}^{n} y_i$ 的方差为

$$V(\bar{y}) = \frac{1-f}{n} S^2 = \left(\frac{1}{n} - \frac{1}{N} \right) S^2$$

其中，S^2 是总体方差。s^2 是样本方差，通常 S^2 与 s^2 大致相等，$S^2 = \frac{1}{n-1} \sum_{i}^{n} (y_i - \bar{y})^2$，$f = n/N$ 为抽样比例。在实际抽样工作中，总体规模 N 一般较大，而抽样比例 f 较小，因此 $f \approx 0$。从上述公式中我们可以看出，简单随机抽样误差取决于总体方差 S^2 和样本量 n，即样本量越大，则简单随机抽样误差就越小。尽管上述公式仅适用于简单随机抽样，但它提供了一个重要基准，可用于比较其他复杂抽样设计的方差。

（二）分层抽样误差估计

设层号 $h = 1, 2, 3, \cdots, L$。对第 h 层，总体单元数为 N_h，样本单元数为 n_h，第 i 个单元的值为 y_{hi}，层权为 $w_h = \frac{N_h}{N}$，抽样比为 $f_h = \frac{n_h}{N_h}$，则总体均值为

$$\bar{Y}_h = \frac{1}{N_h} \sum_{i=1}^{N_h} y_{hi}$$

总体方差为

$$S_h^2 = \frac{1}{N_h - 1} \sum_{i=1}^{N_h} (y_{hi} - \bar{Y}_h)^2$$

样本方差为

$$S_h^2 = \frac{1}{n_h - 1} \sum_{i=1}^{n_h} (y_{hi} - \bar{y}_h)^2$$

对分层随机抽样而言，总体均值方差的无偏估计量为

$$v(\bar{y}_{st}) = \sum_{h=1}^{L} W_h^2 \frac{1-f_h}{n_h} s_h^2 = \sum_{h=1}^{L} \frac{W_h^2 s_h^2}{n_h} - \sum_{h=1}^{L} \frac{W_h^2 s_h^2}{N_h}$$

从上式中我们可以看出，误差数值取决于样本在各层的分布情况。在进行分层抽样

① 高嘉英，谭常杰. 新编统计学 [M]. 北京：人民出版社，1996.

时，我们应尽量增大不同层之间的差异，而缩小相同层内的差异，以减小分层抽样可能带来的抽样误差。

（三）系统抽样误差估计

系统抽样的操作方式是事先依据某种指标对总体进行排序，然后按照随机起点和计算的间隔从中抽取样本。在计算系统抽样误差时，我们需要明确排序所依据的指标是否与调查内容相关。

此处举例说明指标与调查内容相关的情况：在调查某中学学生的课后学习时间时，调查人员先按照期末考试名次对学生进行排序，然后每隔一定名次抽取一名学生作为样本，从而开展调查。其实，这是将学生分为 n 层，对每层只抽取一名学生进行调查的分层抽样。可见，系统抽样与分层抽样类似。因此，调查人员可以运用分层抽样误差公式来推算系统抽样误差。

当指标与调查内容无关时，系统抽样与简单随机抽样类似。此时，我们可以使用简单随机抽样误差公式来推算系统抽样误差。

（四）整群抽样误差估计

整群抽样的操作方式是先将总体划分为若干群体，然后在群体间进行抽样，并对抽中的群体进行普查。因此，对整群抽样而言，群体间的差异是影响样本代表性的最重要因素。一般而言，群体间的差异越大，则样本代表性越差；群体间的差异越小，则样本代表性越好。

假设利用简单随机抽样方法从 N 个群中抽取 n 个群，每个群内的 M 个单元全部进入样本，则整群抽样的均值估计量的方差为

$$V(\bar{\bar{y}}) = \frac{1}{M^2}V(\bar{y}) = \frac{1-f}{nM^2}\frac{\sum_{i=1}^{N}(Y_i - \bar{Y})^2}{N-1}$$

若群规模不相等，设 $M_0 = \sum_{i=1}^{N}M_i$，则有

$$V(\bar{\bar{y}}) = \frac{1}{M_0^2}V(\hat{Y}) = \frac{N^2(1-f)}{M_0^2 n}\frac{\sum_{i=1}^{N}(Y_i - \bar{Y})^2}{N-1}$$

（五）多阶段抽样误差估计

多阶段抽样是多种抽样方法的综合应用。在大型社会抽样调查工作中，我们可以依据每个阶段的具体情况，灵活选用最适宜的抽样方法。

假设开展一次两阶段抽样，其中第一阶段的抽样单元规模相等，第二阶段的抽样相互独立进行，同时两个阶段均遵循简单随机抽样原则，则总体均值方差的无偏估计量为

$$V(\bar{\bar{y}}) = \frac{1-f_1}{n}S_1^2 + \frac{1-f_2}{mn}S_2^2$$

其中，n 为第一阶段的样本量，$f_1 = n/N$ 为第一阶段的抽样比例，m 为第二阶段的样本量，$f_2 = m/M$ 为第二阶段的抽样比例，S_1^2 与 S_2^2 分别为第一阶段抽样单元之间的总

体方差和第二阶段抽样单元之间的总体方差。

第四节　样本规模

第三节已经介绍，样本量是影响抽样误差的重要因素。同时，样本量与抽样误差不呈线性关系，在样本量达到一定规模后，继续增加样本，不仅不能显著减小抽样误差，还会使调查成本直线上升，从而导致项目实施难度明显增大。因此，在开展抽样工作前，调查人员应确定适宜的样本规模，在样本代表性与调查成本之间寻求平衡。也就是说，在实际的大型社会抽样调查项目中，调查人员首先需要确定样本量。这是因为样本量不仅与调查费用有关，而且与估计量的准确度有关，它有助于平衡调查费用与估计量的准确度之间的关系。

一、样本规模设计的一般方法

样本量既与调查费用有关，又与抽样误差有关。在社会调查工作中，调查费用一般是有限的，且抽样误差范围有明确的规定或要求。因此，我们需要根据调查费用和抽样误差两个方面共同确定样本量。一种可行的处理方法是，先依据调查费用或抽样误差分别确定样本量，然后查看这个样本量是否满足上述两个方面的要求，若不能满足，则可以放宽其中一方面的限制。

（一）根据调查费用确定样本量

根据调查费用设定函数如下：

$$C = c_0 + n c_1$$

其中，C 是总费用，c_0 是固定费用，c_1 是每个样本单元的费用，n 是样本量。在 C 一定时，可知

$$n = \frac{C - c_0}{c_1}$$

式中，n 是样本量的上限。

（二）根据抽样误差确定样本量

首先，明确允许误差和可靠程度，即提出如下两个要求：

（1）$|\hat{\theta} - \theta| \leq d$，$d$ 为允许误差。

（2）抽样误差的概率为 $1 - \alpha$。

将上述两个要求用公式表示出来，即

$$P\{|\hat{\theta} - \theta| \leq d\} = 1 - \alpha$$

假设估计量 $\hat{\theta}$ 服从正态分布 $N[\theta, V(\hat{\theta})]$，则

$$P\{|\hat{\theta} - \theta| \leq v_{\frac{\alpha}{2}} \sqrt{V(\hat{\theta})}\} = 1 - \alpha$$

此时，若要满足上述两个要求，则需要

$$d = v_{\frac{\alpha}{2}} \sqrt{V(\hat{\theta})}$$

由于 $\sqrt{V(\hat{\theta})}$ 是 n 的函数，因此我们只需计算出 n。

二、预定精度下样本量的确定方式

预定精度下样本量的确定方式如下：首先，确定大型社会抽样调查项目允许的抽样误差范围；其次，计算既定抽样误差范围内所需的样本量；最后，在满足样本代表性要求的前提下，尽可能降低调查成本。下面以简单随机抽样为例，介绍预定精度下样本量的确定流程。

计算抽样误差范围：

$$V(\bar{y}) = \left(\frac{1}{n} - \frac{1}{N} \right) S^2 < Z_{\alpha/2} \frac{s}{\sqrt{n}}$$

因此，所需样本量为

$$n = \frac{1}{\dfrac{d^2}{Z_{\alpha/2}^2 S^2} + \dfrac{1}{N}}$$

从上述公式可以看出，所需样本量受到如下因素的影响：

（1）总体方差或标准差。在其他条件不变的情况下，总体方差越小，则总体单元的差异越小，所需样本量也就越少。

（2）在分层抽样中，确定所需样本量需要解决两个问题：一是明确总体样本量，二是明确总体样本量在各层的分配情况。为简化问题的讨论，笔者对此处的分层抽样定义如下：先对总体分层，再对各层利用简单随机抽样方法抽取样本。假设抽样误差范围是根据方差的上限确定的，则有

$$V(\bar{y}_{\text{st}}) = \sum_{h=1}^{L} \frac{W_h^2 S_h^2}{n_h} - \sum_{h=1}^{L} \frac{W_h^2 S_h^2}{N}$$

其中，$n_h = n w_h$。由此可得分层抽样所需样本量：

$$n = \frac{\sum W_h^2 S_h^2 / w_h}{V + \sum W_h S_h^2 / N}$$

①若采用比例分配方法，即 $w_h = W_h$，则有

$$n = \frac{\sum W_h S_h^2}{V + \sum W_h S_h^2 / N}$$

比例分配方法的优点在于，其使用起来简便，且计算估计量的方差公式较为简单。该方法的缺点在于，其未考虑不同层的差异化调查费用及方差，从这个角度看，比例分配方法并不是一种最优的确定样本量的方法。

②若采用尼曼（Neyman）分配方法，即 $w_h = W_h S_h / \sum_{h=1}^{L} W_h S_h$，则有

$$n = \frac{\left(\sum_{h=1}^{L} W_h S_h \right)^2}{V + \sum_{h=1}^{L} W_h S_h^2 / N} = \frac{n_0}{1 + \dfrac{1}{NV} \sum_{h=1}^{L} W_h S_h^2}$$

41

尼曼分配方法是指按各层总体单元数的比重和各层标准差确定样本量。该方法的优点在于，其能在一定的条件下使估计量的方差达到最小。该方法的缺点在于，其也未考虑不同层的差异化调查费用。同时，相较于比例分配方法，尼曼分配方法需要更多资料、信息。

三、预定成本下样本量的确定方式

预定成本下样本量的确定方式如下：在预定成本下，计算实施大型社会抽样调查项目所需的最大样本量，以便在成本支出不超出预算范围的前提下，最大限度地提升样本代表性。在大型社会抽样调查项目中，成本往往由固定成本和边际成本组成。

以分层抽样为例，假定调查费用函数为 $C_T = c_0 + \sum_{h=1}^{L} c_h n_h$。其中，$C_T$ 是总成本，c_0 是固定成本，c_h 是第 h 层的边际成本，n_h 是第 h 层的样本量。根据最优分配方法，样本量的分配比例为

$$\frac{n_h}{n} = \frac{W_h S_h / \sqrt{c_h}}{\sum_{h=1}^{L} W_h S_h / \sqrt{c_h}} = \frac{N_h S_h / \sqrt{c_h}}{\sum_{h=1}^{L} N_h S_h / \sqrt{c_h}} (h = 1, 2, \cdots, L)$$

有

$$n = \frac{(C - c_0) \sum_h (N_h S_h / \sqrt{c_h})}{\sum_h N_h S_h \sqrt{c_h}}$$

在多阶段抽样中，若调查费用函数为 $C_T = C_0 + C_1 n + C_2 nm$，其中 n 为第一阶段抽样的样本量，m 为第二阶段抽样的样本量，则有

$$m_{\text{opt}} = \frac{S_2}{S_u} \sqrt{\frac{c_1}{c_2}}$$

其中，$S_u^2 = S_1^2 - \frac{S_2^2}{M}$，opt 表示最优（optimal）。在此基础上，可根据调查费用函数计算 n，从而确定最优的抽样比例。

四、一定设计效应下样本量的确定

复杂抽样的样本估计量方差与简单随机抽样的样本估计量方差的比率称为设计效应（design effect），即

$$\text{deff} = \frac{V(\bar{y})}{V_{\text{srs}}(\bar{y})}$$

其中，srs 是简单随机抽样（simple random sampling）的英文缩写；$V(\bar{y})$ 为某种抽样设计方法下，样本量相同时的估计量方差；$V_{\text{srs}}(\bar{y})$ 为简单随机抽样的样本估计量方差。设计效应的主要作用包括两个方面：一方面，设计效应可以作为抽样设计的评价依据，即设计效应取值越小，则抽样效率越高；设计效应取值越大，则抽样

效率越低。另一方面，设计效应可以用来计算样本量。根据设计效应计算样本量的公式为

$$n = n^* \times \text{deff}$$

其中，n 和 n^* 分别为复杂抽样下的样本量和简单随机抽样下的样本量，deff 为设计效应。根据设计效应计算样本量的基本原理如下：

对简单随机抽样而言，如果设定方差为 V，则样本量应为

$$n^* = \frac{S^2}{V}$$

对复杂抽样而言，样本估计量方差为 $V(\hat{\theta})$，样本量 n 可以从 $V = V(\hat{\theta})$ 中解出。对简单随机抽样而言，如果样本量也取为 n，那么样本估计量方差是

$$V^*(\tilde{\theta}) = \frac{S^2}{n}$$

而 $V(\tilde{\theta}) = \text{deff} \times V^*(\tilde{\theta})$，其中 $V^*(\tilde{\theta})$ 代表样本量为 n 的简单随机抽样的样本估计量方差，则复杂抽样下的样本量 n 应满足

$$V = V(\tilde{\theta}) = \text{deff} \times V^*(\tilde{\theta}) = \text{deff} \times \frac{S^2}{n}$$

即

$$n = \text{deff} \times \frac{S^2}{V} = n^* \times \text{deff}$$

第五节 样本权数构建

广义的权数是指测度被评价事物中各因素的相对重要程度的值[1]。在抽样调查活动中，样本权数则指在用样本估计量推断总体时，各样本在总体中代表的单元规模，通常用每个样本的入样概率的倒数来表示。

抽样调查的目的在于用样本统计结果推测总体在某些方面的特性。从这个层面来讲，样本的意义不仅在于反映自身的性质，更在于代表那些与自身性质相近的未被调查的群体。在使用样本推测总体时，样本权数至关重要。样本权数不仅有助于根据样本情况还原总体特征，而且有助于调整样本结构，使其与总体结构一致。因此，正确设计、使用及调整样本权数是统计推断的基础。在样本抽选出来以后，我们需要对每个样本赋予权数。

样本权数的主要作用体现在以下两个方面：第一，指定每个样本所代表的总体单元数，尤其是在运用非概率抽样时，每个样本的入样概率不同，这时样本权数设计应体现出入样差异，目的在于帮助调查人员尽量还原总体特征；第二，抽样误差和非抽样误差均会导致样本结构与总体结构不一致，而样本权数设计能在一定程度

---

① 金勇进，张喆. 抽样调查中的权数问题研究 [J]. 统计研究，2014 (9)：79-84.

上减小这种差异。因此，我们需要在根据样本情况还原总体特征的目标能够实现的基础上，对权数进行适当调整。

一、设计样本权数

根据样本权数的定义可知，样本权数为每个样本的入样概率的倒数，这意味着在概率抽样中，样本权数都是可以计算的。

在简单随机抽样中，总体为 N，样本量为 n，则每个样本的入样概率为 $p = n/N$，因此样本权数为 $w = N/n$。在等概率抽样中，所有样本权数都相等。在多阶段抽样中，每个样本的入样概率为各阶段样本被抽中概率的乘积。例如，要对某省份进行专题调查，假定对各阶段都按照等概率原则抽取样本。在第一阶段抽样时，从该省份的 N 个区（县）中抽出 n 个样本区（县）；在第二阶段抽样时，从抽中的区（县）中抽取社区（村）。如果某区（县）共有 M 个社区（村），从中抽取 m 个社区（村），则该区（县）中社区（村）的入样概率为

$$p = \frac{n}{N} \times \frac{m}{M}$$

样本权数为

$$w = \frac{N}{n} \times \frac{M}{m}$$

二、调整样本权数

样本权数调整主要包括基于样本结构的调整和基于样本规模的调整两大类。在调整样本权数的过程中，我们需要注意，如果调整后的权数与调整前的权数相比，有较大差异，那么可能导致样本估计量方差增大。

（一）基于样本结构的调整

在抽样调查工作中，我们往往可以通过收集与总体有关的信息来使样本结构与总体结构保持一致，从而提高调查结果的准确度。

例如，在调查某单位员工的吸烟情况时，在采用简单随机抽样方法抽取调查对象后发现，样本中的男女比例与总体不一致，这可能使得调查结果出现偏差。如果样本中男员工的占比较高，那么这可能导致估计的总体吸烟比例偏高；反之，如果样本中男员工的占比较低，那么这可能导致估计的总体吸烟比例偏低。假设该单位员工总数为 2.5 万人，其中男员工数为 15 000 人，女员工数为 10 000 人，在抽选的样本中，男员工数为 200 人，女员工数也为 200 人，则可以调整权数如表 3-1 所示。

表 3-1　调整权数示例

性别	总体/人	样本/人	设计权数	调整权数
男	15 000	200	62.5	75
女	10 000	200	62.5	50

事实上，基于样本结构的权数调整大多不会如上文中的案例这样简单，这是因为影响调查对象的因素往往有很多。例如，影响员工吸烟的因素除性别外，还有年龄、健康等。如果仅依据性别调整权数，那么可能导致统计结果与实际情况存在一定差异。因此，这就需要我们在综合考虑多方面影响因素的基础上调整权数，即进行多变量联合调整。目前，使用广泛的方法包括迭代法、校准法和广义回归法。

1. 迭代法

迭代法的主要逻辑是使样本联合分布与总体联合分布一致。基本做法是从辅助变量的边缘分布入手，基于行列方向进行交替迭代，直到数据收敛为止。

2. 校准法

校准法的主要逻辑是利用已知的总体辅助信息，在"加权辅助变量值的和"等于"该辅助变量已知的总体总量"的约束条件下，对初始权数进行调整，进而利用给定的距离函数进行校准，使权数与初始权数之间的距离最短。

3. 广义回归法

广义回归法是一种特殊的线性校准估计方法，用于计算距离函数 $G(X) = \frac{(X-1)^2}{2}$ 在完全事后分层下校准估计一次的结果[①]。

（二）基于样本规模的调整

1. 特殊因素调整

在大型社会抽样调查中，一些意外因素可能导致调查结果与前期设计出现偏差，这就需要我们在权数调整时考虑这些意外因素的影响。例如，从某社区的各小区分别随机抽选 10% 的住户参与调查，调查人员在前期设计时得知甲小区的住户数为 M，但在实地调查时发现甲小区的住户数为 m，且抽选住户已参与调查，样本调整无法实现。这时，调查人员就需要对甲小区中每个抽选住户的权数进行调整。通常，我们可以通过计算调整系数，使抽选样本回归前期设计。调整系数的计算如下：

$$w^* = \frac{m}{M}$$

2. 无应答调整

在大型社会抽样调查中，抽选住户无应答的情况不可避免。如果不进行无应答调整，那么未调查的抽选样本的权数将会丢失，从而导致对总体规模及总体结构的推测与实际情况出现偏差。无应答调整的操作方式为将无应答样本的权数平均分配给所有有应答样本。假定 W_r 为有应答样本的权数之和，W_n 为无应答样本的权数之和，则无应答调整系数 W_{nr} 为

$$W_{nr} = \frac{W_n + W_r}{W_r}$$

在大型社会抽样调查中，若直接采用以上公式，结果仍会存在一定偏差。更好的处理方式是将无应答样本的权数分配给与之相近的有应答样本。

---

① 金勇进，张喆. 抽样调查中的权数问题研究 [J]. 统计研究，2014（9）：79-84.

第六节　样本代表性评估

一、样本代表性

在抽样设计工作中，尽管我们对调查对象作了明确界定，深入分析了调查总体的某些特质，并选用合理的抽样方法，精准地把握了抽样误差，但抽选样本在结构上与总体不一致的情形仍有可能出现，进而影响我们对总体特征的推断。因此，在抽选出样本后，我们需要对样本代表性进行评估。

样本代表性包括两层含义：第一层含义是样本结构接近总体结构的程度及样本反映总体信息的能力。如果样本结构越接近总体结构，那么样本能够更为合理地作为总体的"缩影"，从而揭示更多的总体信息。第二层含义是基于样本构造的统计量具有良好的特性，如无偏性、相合性、有效性等①。样本代表性的"好"或"坏"可以在一定程度上通过某些辅助变量来呈现，尤其是与调查目标相关的变量。

二、评估方法

（一）两种主要学说

样本代表性评估涉及两种主要学说：一种学说是概率样本说，认为样本代表性评估的关键在于判断样本是否为概率样本；另一种学说是结构相似说，主要考察部分变量在样本中的分布与在总体中的分布是否相似②。

1. 概率样本说

根据概率样本说，概率样本的核心优势是能够帮助调查人员确定抽样分布和抽样误差，从而为总体特征的推断提供科学依据。抽样分布是指样本统计量的分布情况，样本均值、样本方差均为常见的样本统计量。在简单随机抽样方式下，样本均值、样本方差和样本成数被证明是总体均值、总体方差和总体成数的无偏、有效且一致的估计。但简单随机抽样方式固有的随机性可能导致抽选样本严重偏离总体，从而导致研究人员得到错误的推断结论。

2. 结构相似说

根据结构相似说，样本代表性评估主要包括逐项评估法和综合评估法两种方法。

（1）逐项评估法。逐项评估法是指依据单个变量计算平均数代表性检验系数或结构代表性检查差异率，以此比较样本与总体相似性的方法。平均数代表性检验系数 = $[(\mu-X)/\mu] \times 100\%$，样本平均数与总体平均数的差值越小越好，一般建议控制在 ±3%；结构代表性检查差异率 = $[(P-\hat{P})/P] \times 100\%$，样本成数与总体成数的差值越小越好，一般建议控制在 ±5%。此时，变量个数决定了平均数代表性检验系数或结构代表性检查差异率的数量。在有多个变量的情况下，我们需要分别对每

---

① 巩红禹，金勇进. 住户调查中代表性样本的一种探索获取方法：平衡抽样技术 [J]. 统计研究，2015（9）：84-90.

② 王晓晖，风笑天，田维绪. 论样本代表性的评估 [J]. 山东社会科学，2015（3）：88-92.

个变量的计算结果进行评估，以判断样本在各个变量上的代表性。

（2）综合评估法。综合评估法是指同时利用多个变量评估样本代表性。操作流程如下：将样本与总体的各个属性变量之间的差异率加权汇总为确切指数，在此基础上计算出样本与总体的整体差异率。在权重设计方面，我们可以从属性变量与抽样调查的目标变量的关系入手，考查两者的相关程度，若相关程度越高，则该属性越重要，也就需要被赋予较高的权重。

（二）两种主要方式

总体而言，样本代表性评估通常采用如下两种方式：

（1）将样本平均数与总体平均数之间的差异作为衡量样本代表性的指标。样本平均数的计算及抽样随机性的安排需要调查人员仔细考量。

（2）选择合适的维度，在总体中进行模拟抽样，以模拟抽样的方差和变异系数来评估样本单元在总体中的代表性。

现有研究表明，利用概率抽样可以构造无偏的或近似无偏的统计量，而统计量方差可以通过样本估计得到，因此借助概率抽样，我们能够较为容易地获得代表性较好的样本。如果样本量一定，且统计量是无偏的或近似无偏的，那么统计量方差较小的样本通常具有更好的代表性。

假设要在某省份获取某一经济指标，拟按照与该经济指标有较高相关程度的其他已知经济指标对区（县）进行排序并分层抽样。第一阶段抽样是从该省份抽取调查区（县），则区（县）的样本代表性评估可采取以下步骤：

（1）计算总体平均数，公式为

$$\overline{Y} = \frac{\sum\limits_{i=1}^{N} P_i Y_i}{\sum\limits_{i=1}^{N} P_i}$$

其中，N 为该省份的区（县）个数，$\overline{Y}$ 为总体平均数，P_i 为第 i 个区（县）的人口，Y_i 为第 i 个区（县）的总体均值。假定采用 PPS 抽样方法，y_i 为第 i 个样本区（县）的总体均值，n 为样本区（县）的数量，w_i 为第 i 个样本的权数，则样本平均数为

$$\overline{y} = \frac{\sum\limits_{i=1}^{n} w_i y_i}{\sum\limits_{i=1}^{n} w_i}$$

样本偏离总体的百分比称为差异率，其计算公式为

$$v = \frac{|\overline{y} - \overline{Y}|}{\overline{Y}} \times 100\%$$

一般情况下，若差异率越接近 0，则样本的代表性越好。

（2）采用分层抽样方法计算第 h 层的总体平均数 $\overline{Y}_h$：

$$\overline{Y}_h = \frac{\sum\limits_{j=1}^{N_h} p_{hj} Y_{hj}}{P_h}$$

其中，P_{hj} 为第 h 层中第 j 个区（县）的人口数，Y_{hj} 为第 h 层中第 j 个区（县）的总体均值，P_h 为第 h 层的总人口数。第 h 层的总体方差为

$$\sigma_h^2 = \sum \frac{P_{hj}}{P_h} (Y_{hj} - \overline{Y}_h)^2$$

设该省份的总体平均数的方差为 $\sigma^2(\overline{y})$，则有

$$\sigma^2(\overline{y}) = \sum_{h=1}^{L} W_h^2 \frac{\sigma_h^2}{n_h} \left(\frac{N_h - n_h}{N_h - 1} \right)$$

其中，N_h、n_h 分别为第 h 层的区（县）数及第 h 层抽中的区（县）数；W_h 为第 h 层的权数，即第 h 层的人口数占该省份总人口数的比重。则该省份的总体平均数的变异系数为

$$CV_y = \frac{\sigma(\overline{y})}{\overline{Y}} \times 100\%$$

（3）样本代表性评估可参考差异率、总体平均数的变异系数等指标进行。

三、利用辅助变量改进样本代表性评估

在大型社会抽样调查中，总体均值、总体比例等指标通常是未知的，那么我们如何才能确定样本均值是否与总体均值相近，进而判断样本具有良好的代表性呢？一种可行的方法是找到与调查指标 Y 高度关联的指标 X，并使用 X 的样本平均数、总体平均数来评估、判断样本代表性。此时，指标 X 称为辅助变量。辅助变量既可以是一个，又可以是多个；既可以是调查指标 Y 的前期数值，又可以是其他相关变量。例如，在对我国农村地区的住户开展抽样调查时，需要统计农户总收入等指标。此时，农户收入即调查变量。假如利用农户人均收入和农村地区总人口数估计农户总收入，那么农村地区总人口数即辅助变量。又如，在估计我国中小微企业的净利润时，可以将中小微企业作为抽样单位，而把企业规模、所属行业等指标作为辅助变量。

利用辅助变量改进样本代表性评估主要涉及以下两类：一类是改进抽样方法，另一类是改进估计量。

（一）改进抽样方法

我们可以利用辅助变量对总体进行分层抽样，对总体单元排队后进行系统抽样，以及进行不等概率抽样。

（1）在对总体进行分层抽样时，主要利用辅助变量的值确定分层节点。

（2）对总体单元按照辅助变量的大小、顺序进行排队，并开展系统抽样。这种方法可以提高样本方差，从而提升估计精确度。其优点是操作简单、方便，不足之处是估计量方差的计算比较困难，且在对总体单元排队时只用到辅助变量的大小、顺序等数据，信息利用不充分。

（3）利用辅助变量进行放回或不放回的不等概率抽样，特别是进行与辅助变量大小成比例的概率抽样（PPS 抽样），可以大大提高估计精确度[1]。

（二）改进估计量

我们可以利用辅助变量改进比率估计量、回归估计量，以及进行事后分层估计。

（1）改进比率估计量、回归估计量是指利用调查指标与辅助变量的相关性对估计量进行校正，即当样本平均数比总体平均数小时，则放大样本平均数；相反，当样本平均数比总体平均数大时，则缩小样本平均数。当有多个辅助变量时，我们可采用多变量比率估计或多变量回归估计以进一步提高估计精确度[2]。

（2）进行事后分层估计是指在不满足事先分层条件的情况下，对简单随机抽样下的样本实施事后分层，从而提高抽样设计效率。进行事后分层估计的前提条件是，能够获得各层总体单元数与全部总体单元数的比值。

---

① 冯士雍. 关于样本对总体代表性问题的认识与讨论：兼论抽样调查中辅助变量的作用 [J]. 统计研究，2001（9）：30-34.

② 同①.

第四章
问卷设计

问卷是大型社会抽样调查中用于收集资料的一种工具①。问卷设计看似简单，实际涉及调查目标的制定，变量、数据的权衡与取舍，问题的设置，数据质量的保证等一系列需要注意的问题。因此，问卷设计非常复杂，需要项目组付出大量时间和精力。限于篇幅，本章无法对问卷设计过程作详尽描述，只能针对其中的一些重点内容进行简单介绍，包括问卷的概念、问卷设计步骤、问题设计及要求、问卷测量误差等。

第一节　问卷的概念

一、问卷调查

问卷调查作为社会研究中资料收集的一种方式，在诸多学科研究中及政府部门决策过程中得到广泛运用。与其他资料收集方式相比，问卷调查无疑具有很多优势：首先，问卷调查可以在相对较短的时间内得到规模化的资料、信息，效率高、成本低；其次，问卷调查采用的是一套标准化的问答方案，其结果不会因调查对象、调查人员及调查环境等因素的变化而产生较大差异；最后，问卷调查收集的资料、信息具有统一性，有助于研究人员快速进行批量整理和分析。因此，从某种意义上讲，我们可以把问卷调查作为一种标准化、统一化、规模化的资料收集程序。

问卷调查有多种形式。根据操作方式的不同，问卷调查可以分为入户问卷调查、电话问卷调查、邮寄问卷调查及现在比较流行的网络问卷调查等；根据填答方式的不同，问卷调查可以分为问答问卷调查和自填问卷调查②。在确定采用何种形式的问卷调查时，我们通常需要综合考虑调查目的、调查对象、调查成本等因素。不同的调查方式对问卷设计有不同的要求。在本章，我们主要介绍入户问卷调查的问卷设计。

---

① 风笑天. 社会调查中的问卷设计［M］. 3 版. 北京：中国人民大学出版社，2014.
② 张彦. 社会研究方法［M］. 上海：上海财经大学出版社，2011.

二、调查问卷

在问卷调查过程中，调查人员根据调查问卷向调查对象提出问题并从调查对象处获得答案，这是资料、信息收集的基本流程。问卷调查作为一种标准化、统一化、规模化的资料、信息收集程序，直接影响着资料、信息的准确度和可靠性①。因此，调查问卷制定是问卷调查开展的基础。要想收集到能反映真实情况、满足研究需要的资料、信息，在设计调查问卷的过程中，我们就需要重点注意以下几个方面：

（一）研究目标

调查问卷收集的资料、信息要契合研究需要，这是问卷调查的前提。因此，调查问卷的设计要紧紧围绕研究目标展开，这是调查问卷设计的总体思路。如果收集的资料、信息无法用于实现研究目标，那么这些资料、信息就是无用资料、无用信息，调查问卷的设计也就宣告失败。

一项大型社会抽样调查可以围绕某个特定的研究目标进行。研究目标既可以是验证某个理论假设，又可以是测度人们对某种事物的态度或倾向，了解人们的某种行为或想法，衡量人们在某个方面的认知水平。问卷设计人员首先需要明确与调查相关的研究目标，然后系统罗列出所要设置的问题。问题罗列得越详细、全面，研究的开展就会越得心应手。此外，在以探寻原因、验证结论为目的的社会调查项目中，问卷设计不能忽视与研究目标相关的，由研究人员提出的理论假设。这是对概念进行准确定义，并设置变量的基础。从某种程度上讲，在此类社会调查项目中，问卷设计的基础是理论假设。

（二）调查对象

无论是设计问答式问卷还是设计自填式问卷，我们都必须考虑调查对象的具体情况，包括调查对象的受教育程度、职业背景、经验阅历、所处地域等因素②。一份好的调查问卷应当满足三个基本条件：第一，调查问卷应使调查对象较好地理解其中设置的问题，并明确所要回答的答案的类型；第二，调查问卷中设置的问题应与调查对象的受教育程度、知识水平相匹配；第三，调查问卷中设置的问题应使调查对象愿意提供真实、可靠的答案。

（三）所起作用

调查问卷是一种测量工具，这意味着其收集的是可用于量化分析的数据。因此，调查问卷需要事先设定好一系列标准化的问题、可供选择的答案，以及辅助填答的其他附加信息。现有文献大多倾向于将问卷设计描述为一种艺术，这是因为其涉及如何使设置的问题看起来严谨、科学且让人容易理解。要想成为一种好的测量工具，一份调查问卷就应实现以下目标③：第一，所有受访者对问题的理解是一致的，且这种理解与问卷设计者想表达的意义是一致的；第二，所有受访者提供的答案在类型上是一致的，而不是五花八门、难以统计分析的；第三，所有受访者都掌握了回

①　杨凤荣. 市场调研实务操作 ［M］. 北京：清华大学出版社，2008.
②　张创新. 社会调查理论与方法 ［M］. 吉林：吉林大学出版社，2003.
③　福勒. 调查问卷的设计与评估 ［M］. 蒋逸民，译. 重庆：重庆大学出版社，2010.

51

答问题所需的信息，即不会遇到难以回答的问题。

综上所述，我们可以对调查问卷作出如下定义：调查问卷是指调查人员根据研究目的和研究需求，按照一定的理论假设设计出来的，由一系列问题、备选答案及附加信息组成的，向受访者收集资料的一种测量工具①。

第二节　问卷设计步骤

问卷是一种围绕调查目标设计的，由诸多问题组成的资料收集工具。每个问题都有其存在的意义，并科学、合理地分布于整体问卷之中。因此，问卷设计并非对问题的简单罗列，而是一项系统性工作。一份优秀的问卷应当能够尽可能地收集到符合研究需要且真实可靠的资料、信息。为了实现这一目标，问卷设计必须遵循严格、规范、标准的程序。

一、确定研究目标

在设计调查问卷时，问卷设计者首先需要深入了解调查项目的研究目标，把握调查主题，从而明确需要收集哪些资料②。这项工作为问卷设计指明了方向，因此必须在问卷设计开始之前完成。

事实上，确定调查项目的研究目标并不如想象中那样简单，这需要问卷设计者与研究人员反复商讨。有时，研究人员对研究目标也不甚明确，尤其是在探索性的调查项目中，这种情况会时常出现。这时，问卷设计者需要与研究人员多方查找文献、资料，咨询相关领域的专家，对调查项目进行深入分析，以明确研究目标。

在研究目标确定之后，问卷设计者还需要对研究目标进行分解，以建立研究所需的分析指标，这些分析指标决定了调查人员需要收集哪些信息。问卷设计者需要根据这些分析指标来设置具体问题，以便最终获得研究所需的资料。

在确定研究目标、设置具体问题的过程中，研究人员应尽量提供分析计划或研究框架。分析计划或研究框架应包括实现研究目标所需的分析指标，以及建立分析指标所需的资料、信息等。因此，无论是设计只含单一研究目标的主题性问卷，还是设计具有多个研究目标的综合性问卷，问卷设计者都需要考虑三个问题：调查项目的研究目标是什么？研究目标的实现需要利用哪些分析指标？分析指标的建立需要收集哪些具体信息？这三个问题需要问卷设计者与研究人员反复讨论，从而得出合理的答案。笔者的建议是，针对调查项目涉及的每个研究目标，问卷设计者应分别制定详细的分析指标清单，并罗列出与分析指标相关的问题。

在大型社会抽样调查项目中，研究人员往往会设定多个研究目标，设置多个研究主题，并使用多种研究方法。这时，问卷设计者就需要仔细梳理各研究目标之间的关系，合理布局问题的编排顺序，把握不同研究主题的数据需求。在问卷设计工

①　李金昌. 市场统计调查方法与应用［M］. 广西：广西师范大学出版社，1997.
②　陈舜. 远程教育评估中问卷调查关键技术研究［M］. 西安：西安电子科技大学，2006.

作中，比较普遍的做法是将同一研究主题涉及的问题集中在一起，汇总为一个模块，再将若干研究主题相近的模块汇总为一个更大的模块。

二、文献查阅及意见咨询

文献查阅及意见咨询是问卷设计中非常重要的工作。大多数问卷设计者在设计问卷时会开展这两项工作。总体来讲，文献查阅及意见咨询均涉及收集与调查项目相关的资料，以帮助问卷设计工作的开展，从而使问卷更契合主题，更符合实际，更能满足研究需要。具体来说，文献查阅及意见咨询主要涉及以下几个方面的工作：

（一）了解相关研究的进展、现状

了解与调查项目相关的研究的进展、现状，有助于研究人员深化对研究主题的认识。对某些已经取得一定成果的研究主题，要么尽量避免重复，要么做到"另辟蹊径"。

（二）获得对研究对象和研究主题更为全面的认识

研究对象和研究主题是什么样的？针对这个问题，问卷设计者必须亲自去寻找答案，既不能凭空想象，又不能道听途说，而应该通过广泛的资料查阅，获得对研究对象和研究主题的全面认识。对研究主题的把握，可以通过查阅文献资料、咨询相关领域专家、了解相关领域研究动向来实现。对认识研究对象而言，较好的方式是问卷设计者深入走访相关人员，以了解实际情况。例如，在对小微企业经营情况进行调查时，如果我们不接触小微企业主，就很难了解小微企业面临的各种问题，也就不会明白小微企业主在经营中做出各类决策的深层次原因。因此，问卷设计者只有在问卷设计之前深入走访研究对象，如开展一定规模的访谈，才能设计出"接地气"的问卷，否则可能导致设置的问题浮于表面，无法用于掌握事物的本质与要害，最后造成研究结果停留在"泛泛而谈"的层面，无法揭示事物发展的逻辑与规律。

（三）了解同类型调查项目

收集同类型调查项目的资料，其主要作用如下：有助于问卷设计者了解在与研究主题相关的领域已经开展了哪些调查项目，并进一步明确这些项目的成功经验是否可以借鉴，信息、资料乃至问卷设计方案是否可以直接采用。

（四）收集其他可靠信息、资料

收集来源可靠、能够满足研究需要的其他信息、资料，以减小调查执行工作量、降低成本，也是问卷设计者需要关注的问题。可靠信息、资料多种多样，除前文所述的同类型调查项目的资料外，还包括政府部门、民间智库等公开发布的信息，如房地产开发数据、商业银行存贷款数据等。在遵守法律法规，不损害国家利益、社会公共利益和他人合法权益的前提下，问卷设计者应尽力获取这些信息、资料，以辅助实现调查目标及研究目标。

三、分析指标

在明确研究目标之后、设计具体问题之前，研究人员应当根据研究目标制订一份分析计划，罗列与研究主题相关的分析指标。只有提前掌握分析指标，问卷设计者才能明确研究人员所需的信息、资料。例如，我们在研究居民是否选择去商业银行贷款时，需要仔细考虑可能影响居民选择的因素，并将这些因素列入分析计划，这些因素即分析指标（见图4-1）。

```
研究目的：了解居民是否选择去商业银行贷款？
影响居民选择的因素：
（1）金融服务可及性。
（2）信贷需求程度。
（3）对商业银行信贷服务的主观评价。
（4）民间借贷活跃度。
（5）负债及征信状况。
针对每个因素收集信息如下：
（1）金融服务可及性。
①居住地离商业银行等金融机构的距离。
②居住地周围一定范围内金融机构的分布情况。
③开通或使用金融服务功能的经历。
（2）信贷需求程度。
①目前或即将面临的资金短缺问题。
②通过信贷解决资金短缺问题的意愿。
③可接受的信贷利率水平。
（3）对商业银行信贷服务的主观评价。
①对商业银行信贷服务（效率、程序、额度等）的评价。
②对商业银行信贷政策的看法。
（4）民间借贷活跃度。
①民间借贷的难易程度。
②民间借贷的经历。
③对民间借贷（期限、利率、额度等）的评价。
④对民间借贷的偏好程度。
（5）负债及征信状况。
①家庭现有的负债规模。
②家庭目前的偿债能力。
③家庭成员的征信状况。
```

图 4-1　分析指标示例

在掌握分析指标后，问卷设计者即可根据这些分析指标明确研究人员所需的信息、资料，从而科学设计、合理布局具体问题，进而编写出一份高质量的问卷。

在对具有特定研究目标的问卷进行设计的过程中，我们不建议采用描述性方式。例如，"在不同的金融服务可及性、不同的信贷需求程度、不同的对商业银行信贷服务的主观评价、不同的民间借贷活跃度、不同的负债及征信状况下，居民选择去商业银行贷款的意愿差异有多大？"这样的表述不仅会使调查执行进入一种描述性统计，而且会模糊研究方向。由于影响居民选择去商业银行贷款的因素远不止图4-1中所列的内容，因此这种描述性统计的意义并不大，这也就意味着采用描述性方式设计的问卷很难用于相关问题的研究。正确的思路如下：问卷设计应当始于根据研究目标提出的理论假设，如在选择是否从商业银行贷款时，居民主要是受金融服务可及性、民间借贷活跃度、负债及征信状况等客观因素的影响，还是受信贷需求程度、对商业银行信贷服务的主观评价等主观因素的影响。综上，只有基于理论假设设计问卷，获取所需信息、资料，并开展研究，才能有针对性地解决现实问题。

四、设计具体问题

问题及答案是一份问卷的主体。在了解清楚调查执行所需的信息、资料后，问卷设计者需要根据这些内容设置一系列具体的、可用于向受访者询问的问题。在设置问题时，问卷设计者要充分考虑以下几个方面：

（一）采用恰当的问题形式

对调查执行而言，快速收集规模化的、可用于统计分析的数据至关重要。为便于调查执行工作的开展，是否设置开放性问题就需要问卷设计者仔细斟酌。这是因为，一方面，与封闭性问题相比，开放性问题可能导致受访者的答案五花八门，从而增加后期数据处理的工作量；另一方面，与封闭性问题相比，开放性问题往往能收集到更加准确、丰富、详细的信息，在某些特定形式的调查中更为适用。综上，是否设置开放性问题需要问卷设计者权衡利弊、自行把握。例如，我们为了解受访者的就业情况而设计问卷时，可以采取以下方式：

（1）设置开放性问题。"您目前的职业是什么？请描述具体工作内容。"则答案格式为具体工作内容及职位，如教初中语文的老师、经营花店的个体工商户。

（2）设置封闭性问题。将职业、职位、工作内容作为选项，供受访者选择。

（二）结合调查对象的实际情况

不同学历水平、文化背景、地域、职业的人群对同一问题可能产生不同的理解，进而导致给出的答案背离了问卷设计者在设置问题时的初衷。例如：

（1）请问您目前是否有工作？

（2）请问您上周是否为取得收入而工作满 1 小时？包括务农或为家庭经营的无报酬帮工。

在问题（1）中，对"工作"一词，不同的受访者会有不同的理解，如有些人会认为工作仅指上班，而有些人会认为短工、务农、为家庭经营的无报酬帮工等也算工作。在问题（2）中，"工作"一词则作了明确定义，即指以取得收入为目的而工作满 1 小时。这个表述能在一定程度上帮助受访者明确自身是否属于有工作的情况，从而减小答案的偏误。问卷设计者在设计问题时，要秉持受访者优先的原则，从调查对象的实际情况出发，对问题的表述进行反复推敲，从而使更多的受访者能够准确理解问卷中的问题。

（三）借鉴同类型调查项目的经验

一般来讲，测量受访者的态度、倾向会比描述某种事实或行为更困难，因此，问卷设计者需要借鉴以往成功的同类型调查项目经验，参考其问题、量表等的设置。

（四）正确使用问题的编码

在设计追踪型调查问卷时，如果以往年份问卷中使用过的问题需要在接续问卷中继续使用，那么这个问题的编码应当保持不变；同时，在设置新问题时，需要注意，不能重复使用以往年份问卷中已使用的编码，以避免在分析追踪数据时出现混乱。

五、问题取舍

在问卷设计初期，问卷设计者可以将需要向受访者询问的问题都列入问卷，然后根据研究主题、研究内容进行取舍，即本着"先松后窄"的原则，先罗列、后挑选。

在问卷设计过程中，问卷设计者需要考虑几个比较重要的制约因素，如成本开销、受访者能够承受的访问负担等。这些制约因素决定了问卷设计者不能无休止地设置问题。在以往的诸多研究中，有的文献认为问卷的完成时间不宜超过 15 分钟，有的文献认为不宜超过 45 分钟。事实上，一份问卷应在多长时间内结束，可以根据抽样调查项目的具体情况确定，包括调查对象的自身情况、调查实施的时限要求、调查资料的类型需求等。目前，在国内外已成功开展的大型社会抽样调查项目中，访谈时间有短则几分钟的，也有长则一天的。当然，这并不意味着问卷设计者可以连篇累牍地设置问题。毋庸置疑，受访者配合回答问题的精力、耐心是有限的，而冗长的问卷极有可能造成受访者提供不准确的信息，乃至拒绝参与访谈，因此问卷设计者应对问卷的题量有科学、合理的把握。

在罗列出需要询问的问题后，问卷设计就进入选题阶段。在这个时期，问卷设计者需要与研究人员反复进行沟通，删除不必要的或相对不重要的问题，确保问卷简洁明了、逻辑流畅，从而助力调查人员有效地收集到高质量的数据。可以考虑删除以下几种类型的问题：第一种类型，即可以根据从其他渠道获得的可靠资料、信息得出答案的问题。这种类型的问题可以首先删除。第二种类型，即与研究主题存在一定程度的关联，但对实现研究目标效用不大的问题。从节约成本、减轻受访者负担的角度考虑，这种类型的问题应当删除。第三种类型，即相对不重要的问题。我们不可能在某次调查中收集到研究人员所需的所有资料、信息。因此，在定期的追踪调查项目中，问卷设计者可以对研究主题设置优先级，保留优先级较高研究主题的相关问题，而将优先级较低研究主题的相关问题放在后期的追踪调查问卷中。第四种类型，即受访者难以回答或难以准确回答的问题。除非用于测试受访者的知识构成或认知水平，否则这种类型的问题也应考虑删除。

在时间及预算充足的情况下，问卷设计者可以邀请相关领域的专家、学者或从业人员，针对问题的设置、筛选进行讨论，以获得更为专业的建议，从而使问卷设计更加科学、高效。

六、问卷模块化

一项大型社会抽样调查项目涉及的研究目标可能涵盖多个方向，设置的问题可能涵盖方方面面，因此问卷规模可能达到几十页，甚至上百页。以住户调查为例，调查人员往往需要收集住户的人口统计特征、工作情况、工商业生产经营情况、住房情况等信息。这时，问卷设计者宜对问卷进行模块化处理，将相同或相似研究主题的问题放在一个模块中，如工作模块、工商业生产经营模块等。每个模块设置的问题少则几个，多则几十个。对于需要收集丰富内容、详细信息的模块，其中设置的问题可能更多，因此我们可以将这种类型的模块分为若干子模块。

问卷模块化的一个优势在于，其能使问题衔接更加自然、流畅，不会使受访者在回答了 A 类、B 类问题后，又回答 A 类问题，从而有效避免受访者出现思维紊乱的情况，减少厌烦心理，进而促进调查执行工作的顺利开展；问卷模块化的另一个优势在于，其能使问卷设计者更加便捷地厘清问卷的逻辑和脉络，如迅速明确哪些模块可以优先设置、哪些模块可以相邻安排。

在问卷实现模块化处理后，问卷设计者还应理顺问题之间的逻辑关系并将其标注出来，以便调查人员开展访谈工作。例如，对问题 A，如果受访者回答"是"，则调查人员需要跳过问题 B 而直接询问问题 C。尤其是在计算机辅助调查问卷设计中，问题的跳转逻辑必须设置清楚，以便程序编写人员正确地进行系统开发和问卷录入。

七、问卷实地检验

应该注意的是，在问卷初稿拟定之后、调查执行开展之前，问卷设计者还需要对问卷进行实地检验，以检测问卷是否存在缺陷。在多数大型社会抽样调查项目中，问卷设计都不是一蹴而就的。在实地检验后，问卷或多或少会暴露出一些问题。问卷设计者、调查人员、研究人员都应参与问卷实地检验过程。一般来说，问卷实地检验可以分为小组焦点讨论与预调查两个步骤。

（一）小组焦点讨论

小组焦点讨论的程序如下：首先，问卷设计者召集一些与调查项目相关的人员，如研究人员、行业从业人员等充当受访者；其次，调查人员与受访者采用一问一答的形式完成模拟调查；最后，问卷设计者针对问卷中的错漏、偏误和其他问题组织调查人员与受访者进行深入讨论，以获得科学合理的修改建议。

（二）预调查

预调查是指问卷设计者可以抽选一定规模的真实调查对象[①]，按照规范的调查执行流程，对其进行访谈，并及时回收收集的数据、信息。预调查可以为调查人员提供极好的模拟机会，且其调查结果可以用于完善调查执行方案；而研究人员可以在预调查的过程中及时发现、纠正不切实际的目标与想法。预调查的受访者应尽量选择与实际调查对象特征相似的人员，甚至可以直接选择实际调查对象。为了尽可能地检测出问卷中的错漏、偏误，问卷设计者可以选择不同地域、年龄、职业、文化背景的人员开展预调查，最大限度地确保预调查对象与实际调查对象在分布上保持一致。

在实地检验完成后，问卷设计者需要收集、整理发现的错漏、偏误，并对其加以修正。如果调查经费较为充裕，那么问卷设计者可以在问卷修正后，重复实地检验的步骤，这有助于增强问卷的有效性、准确性，提高问卷的信度和效度。

---

① 预调查的样本规模视大型社会抽样调查项目的总体规模而定，但不宜少于 50 个。值得注意的是，当总体样本的分布范围较广或类型较多时，则预调查的样本须均匀分布。

八、问卷定稿

在完成以上工作后，问卷就可以宣告定稿了。一般来讲，在问卷定稿之后，新的问题设置需求不宜再被提出。这是因为，更新问卷意味着问卷设计者将重复前文所述全部步骤。但凡某个步骤缺失，问卷的质量就无法得到保证。可见，受到时间、经费等因素的制约，问卷定稿后的更新是很难实现的。

问卷定稿与调查执行应有足够的时间间隔，以便打印问卷和组织培训。对计算机辅助调查问卷而言，其还涉及系统开发和测试，因此对时间间隔的要求会更高。总体来讲，在一份访谈时长为1~2小时的问卷定稿后，其编写、录入系统的时间通常需要一个月。综上，如何合理安排问卷设计工作的时间，也是问卷设计者需要认真思考、重点关注的问题。

第三节 问题设计及要求

调查执行主要通过问答的形式从调查对象处获取资料、信息。一次合格的问答应该同时满足以下两个条件：一是问题清楚表述且为受访者所理解，二是受访者能提供符合研究需要的、准确可靠的、有意义的资料、信息。此外，一项大型社会抽样调查往往通过一套标准化的问卷来得到多个调查对象的答案，因此问卷设计者必须保证所有受访者对同一问题有着相同的理解。问卷设计者在设置问题时，应当时刻问自己："什么样的问题才算一个好问题？"好问题往往有许多共同的要素及显著的特点，因此本节将通过介绍问题设计及要求来说明如何设置好问题。

一、问题组成要素

在一份问卷中，一个问题通常由以下几个基本要素组成：

（一）题号

题号也称变量名，是一个问题的代号。题号可作为相应数据的唯一识别代码，以用于统计分析。题号具有如下特征：一是每个问题有且只有一个题号，且这个题号不与其他问题的题号重复；二是不会出现一个问题拥有多个题号的情况。在追踪调查问卷设计中，我们尤其需要注意，题号不能重复使用，否则可能导致数据匹配、分析出现混乱。

（二）题干

题干，即问题内容。它决定了调查人员在向受访者提问时的表述方式。题干应当科学严谨、清晰明确，且能使受访者轻松地理解其含义。

（三）选项内容

一般而言，选择题需要设置备选选项，以供受访者选择。选项内容应尽量涵盖所有可能存在的情况，且每道题目的全部选项内容必须互斥。

（四）选项编号

选项编号即选项的序号代码。在统计选择题的答案时，我们一般只统计选项编号，而不统计选项内容。每个选项有且只有一个编号。在追踪调查问卷设计中，选项编号也不宜重复使用。

（五）跳转逻辑

跳转逻辑，即问题之间的衔接逻辑。计算机辅助调查系统会在受访者回答完某个问题后，依据跳转逻辑自动跳转至后续某个问题或某个模块，既可以根据上个问题的选项选择情况跳转，又可以根据前面的综合答题情况跳转。跳转逻辑须在问卷设计时清晰明确标注，且彼此不相冲突。

（六）填答标准

填答标准，即填答要求，是指调查人员需要向受访者告知的答题方向或答题要求。例如，在询问收入情况时，调查人员需向受访者告知，应以"元"为单位提供信息；而在询问期限时，调查人员需向受访者告知，应以"年"或"月"为单位提供信息。

（七）其他附加要素

其他附加要素是指包括填答注意事项提示、专业术语解释等在内的，能够帮助调查人员顺利完成调查执行或辅助受访者理解问卷内容、填答信息的附加内容。

问题组成要素如图4-2所示：

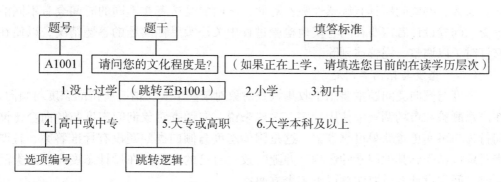

图4-2 问题组成要素

二、问题类型

问卷中的问题依据不同标准可以划分为不同类型。

例如，根据填答方式的不同，问卷中的问题可以划分为开放式问题和封闭式问题。开放式问题的优点在于，其对受访者限制较少，有助于受访者根据自身实际情况来回答，进而得到丰富、准确的资料、信息；缺点在于，其收集的资料、信息不便于研究人员进行统计分析。尤其是在大型社会抽样调查项目中，受访者较多，可能导致答案五花八门，从而使得对比分析工作难以开展。封闭式问题的优点和缺点同开放式问题的优点和缺点恰好相反，且封闭式问题的设计更加复杂，需要问卷设计者花费更多的时间和精力来琢磨。

又如，根据收集资料性质的不同，问卷中的问题可以划分为行为与事实类问题、态度与倾向类问题、认知水平类问题。以下将对这三类问题作详细介绍：

（一）行为与事实类问题

行为与事实类问题即询问受访者在过去某个时间点或时间段内采取的行为及经历的事实。总体来讲，这类问题需要收集的是客观事实类资料，因此受访者比较容易回答。行为与事实类问题举例如下：

A：您的年龄是_____周岁？（询问经历的事实）

B：过去一个月内，您是否去商业银行办理过存款业务？（询问采取的行为）

在设计行为与事实类问题时，问卷设计者需要注意以下三个方面：

第一，设计的问题不能给受访者带来太过沉重的思考负担。例如，"在过去一个月您总共喝了多少次水？"喝水对受访者而言是每天都会作出的行为，而且频率很高。因此，对这个问题，绝大多数人只能给出一个大概的数值。

第二，设计的问题不宜有过长的追溯期，但这个过长不是一概而论的。对那些不重要的行为，我们只能询问近期的情况。例如，对于"您昨天是否吃了早餐？"受访者可以很容易地回答出来，而对于"去年的昨天您是否吃了早餐？"由于时间久远，受访者很难准确记得。但是，对那些重要的行为，我们可以追溯得较为久远，这是因为受访者对此的记忆非常深刻，如"您在哪一年结的婚？"

第三，设计的问题应避免敏感性，这是许多问卷设计类书籍都会重点提到的内容。那么，哪些问题具有敏感性呢？对此，不同的受访者在不同的时间会有不同的感受。问卷设计者需要在问卷实地检验过程中关注敏感性问题的答题情况，以便在修订时予以调整、完善或剔除。

（二）态度与倾向类问题

态度与倾向类问题主要用于收集调查对象对某些事实、情况所持的态度与倾向，在民意测验和市场调查中使用较多。一般来说，向调查对象询问态度与倾向会比询问行为与事实更难获得可靠答案。这是因为态度与倾向类问题没有标准答案，且调查对象极易受到其他因素的影响，并随时改变自己的观点。在设计态度与倾向类问题时，问卷设计者需要注意以下三个方面：

第一，设计的问题不能涉及调查对象不了解的知识。例如，"您认为目前我国的股市发展是否健康？"对有炒股经历或关注、研究过股市的人而言，回答这个问题可能没有太大困难；但对从未接触股票、从未学习炒股知识的人而言，回答这个问题可能就超出了其能力范围。

第二，设计的问题不能带有诱导性或倾向性，否则会带来引导性的答案。例如，"大部分人认为政府应该投入更多资金来帮助低收入群体，您是否同意这一观点？"这就属于暗示意味极强的问题。当然，诱导性或倾向性还可能体现在询问时的表情、语气、用词中。

第三，要慎重看待社会期许方面的问题。由于调查对象会或多或少地迎合社会期许，因此其真实态度与倾向就被隐藏了。例如，"在日常生活中，我们应绿色出行，您是否赞同这一观点？"对这个问题，一些调查对象为了表明自身持有正确的价值取向而选择"是"这个答案，进而掩盖其真实想法。因此，在设计态度与倾向类问题时，问卷设计者应设法减轻调查对象的心理压力。

（三）认知水平类问题

认知水平类问题重在考查调查对象在某个方面的知识储备和认知水平。在询问这类问题时，调查人员首先应当让调查对象明白，一定要按照自身的实际情况来回答。例如，"假设商业银行的定期年利率为4%，将100元存一年，那么到期时可以取出多少钱?"这个问题重点考查的是调查对象的金融知识水平。调查对象是否回答正确，都不影响调查执行工作的推进。

三、问题设计基本要求

前文介绍了问卷中的问题类型，下面我们将着重介绍在设计具体问题时应注意哪些细节，从而收集到能够满足研究人员需要的准确可靠的资料、信息。

（一）问题要紧扣研究目标

问题要紧扣研究目标，这是绝大多数介绍问卷设计的文献都会强调的重点内容。换句话说，无关紧要的问题、可留可不留的问题一律删除。

（二）题意要清楚明确，不会导致理解偏差

题意要清楚明确，不会导致理解偏差，包括两层含义：

第一层含义是问卷设计者要保证调查人员、调查对象均能明白设问的意图，即知道研究人员想要了解哪些信息、掌握哪些资料，从而提供正确答案。

下面举一些题意不够清楚明确的例子：

A：请问您家通过出租房屋获得的租金一共是多少钱?（单位：元）

B：请问您家附近是否有学校?

C：请问从您家去最近的商业银行需要花费多少分钟?

问题A没有明确限制时间段，因此受访者可能会提供一个月或一年，甚至自出租房屋以来的所有租金收入；问题B没有明确说明"附近"一词的含义，因此受访者可能会无从入手；问题C没有明确提及交通方式，因此受访者可能会根据自身的实际情况来回答，从而导致数据出现较大偏差。

以上三个问题存在的缺陷是比较容易察觉的，但是，对下面两个问题，大多数问卷设计者可能很难发现其中的不足。

A：请问您上周是否从事过任何一小时以上有收入的工作?

B：请问您上周是否为取得收入而工作满1小时?包括务农、为家庭经营的无报酬帮工。

问题A是了解工作情况的一种标准问法。问卷设计者会理所当然地认为，受访者能够准确理解"工作"一词，但事实并不是这样的。对大部分受访者而言，正式上班才叫工作，而务农、经营个体工商业、打零工等都不会被纳入工作范畴。对于问题B，某些受访者正处于休假、临时停工的状态，在被问及时，可能会选择"否"。因此，在设置问题时，问卷设计者应全面考虑，安排多种选项，从而帮助调查人员清楚掌握所有可能存在的情况。

第二层含义是不同调查对象对同一问题的理解应该是一致的，提供的答案也应该基于的是同一标准。例如，前文提道："请问从您家去最近的商业银行需要花多

少分钟?"由于不同的受访者的出行方式各不相同,因此答案可能涉及步行时间、骑单车时间、开车时间等。在设计这一问题时,要么考虑直接询问距离,要么考虑限定出行方式。

（三）问题要简洁明了、无语病

问题的设计要讲求艺术性,即问句既不能冗长啰嗦,又不能有明显语病。这需要问卷设计者反复检查自己设计的问题,并邀请多位未参与问卷设计的人员前来通读问卷,询问其对问题的理解或评价,以便发现其中冗长的、有语病的问句。

（四）问题要通俗易懂

问卷设计者尽量不要在问题中使用专业性太强或艰涩生僻的词语,如果确需使用,那么要在问卷中对其作出解释,以便调查人员、调查对象理解题意。例如,"您家上个月的转移性支出总共是多少钱?"对这里的"转移性支出",可能会有许多受访者并不清楚其含义。在设计这一问题时,一种比较可行的方案是,在问句后增加有关转移性支出的解释,告知受访者哪些支出属于转移性支出;而另一种更好的方案是,在题量允许的情况下,将各种转移性支出单列成题,以便调查人员逐一询问,这样就能得到更为确切的答案。例如,"逢年过节送出的红包、压岁钱、礼品总共是多少钱?""因探望病人送出的慰问金、礼品总共是多少钱?""因红白喜事送出的礼金、礼品总共是多少钱?""捐赠的钱、物总共是多少钱?"

（五）一题一问,避免双重含义

一个问题只有一种明确含义,这是对问题设置的基本要求,也就是说,问卷设计者不能期望通过一个问题获得多个答案。例如,在询问受访者的家庭是否持有金融产品时,问卷设计者可以在选项中罗列出常见的全部金融产品,以获得真实全面的信息,同时有助于减少题量。但在实践中,我们并不提倡如此设计。这是因为,选项数量过多时,受访者很难记住每个选项的具体内容。此外,这种多项选择方式相对于"是"或"非"的二项选择方式来说,更容易在填答时出现操作上的失误。最好的解决方案是,将不同的金融产品分别放入一道二项选择题中,即"目前您家是否持有股票?""目前您家是否持有基金?"问卷设计者还要特别注意"和"与"或"的使用,例如:

A:目前您家是否持有股票和基金?

B:目前您家是否持有股票或基金?

问题 A 带有双重含义,而问题 B 则只有一种含义。在使用"和"与"或"时,问卷设计者需要明确自己想要收集的资料、信息是什么。

（六）表述要客观中立,避免暗示或诱导

问题的设置不能带有诱导性或倾向性,这在前文已有所涉及,下面我们将列举几种常见的此类错误:

1. 强调事物的某一方面而忽略其他

例如,"与五年前相比,本市交通拥堵情况有了很大改善,您是否赞同这一观点?"这个问句仅谈改善,而不言其他。事实上,该市交通拥堵情况可能不仅没有改善,而且更加糟糕,但上述问句无法使受访者表达"更差"这一评价。

2. 用词带有褒贬色彩，鼓励某一方面而排斥另一方面

例如，"您认为政府是否应该花费纳税人更多的钱去帮助低收入群体？"这里强调政府花费的是"纳税人的钱"，容易引起部分调查对象对政府帮助低收入群体的反对。

3. 暗示意味强烈，影响受访者的判断

例如，"目前我市人均收入水平低于全国平均水平，您认为市政府是否应将增加居民收入放在一切工作的首位？"这个问句的设置前提是"我市人均收入水平低于全国平均水平"，暗示了人均收入水平有待提高，可能诱导部分受访者选择问卷设计者想要的答案。

（七）选项内容要穷尽且互斥

选项内容要尽可能地涵盖所有可能存在的情况，这就要求其应基于同一层面、同一分类标准来设计；同时，不同选项之间，内容应当互斥，也就是说不会出现意义重叠的情况，以免受访者陷入选择两难的境地。

四、问题设计评估

在问题设计完成后，问卷设计者需要逐一对所有问题进行评估，以确保问卷质量。一个合格的问题应具备以下四个方面的特征：

（一）问题可理解

问题可理解包括两层含义：一是受访者、调查人员都能准确理解问题所要表述的内容；二是不同的受访者对同一问题的理解应当是一致的，不会出现差异。

（二）问题可回答

问题可回答是指问题能够被受访者回答出来，这就要求受访者具备回答该问题的能力。影响这种能力的因素主要有两个：一是受访者对问题中涉及的事物缺乏了解，二是受访者对问题中涉及的事物难以准确回忆。此外，问题的敏感度、隐私性及其含有的社会期许等因素都会导致受访者提供不准确或不真实的答案，这就需要问卷设计者合理运用一定的技巧。从原则上讲，在设计的问卷中，除认知水平类问题外，其他问题都应是调查对象能够回答出来的。

（三）问题较适用

影响适用性的主要因素在于，设置的问题是否与调查、研究相关领域的实际情况相符。换句话说，问题是否"接地气"。设置的问题一旦与现实脱节，就可能导致受访者在回答时无所适从，并使受访者质疑调查团队的专业性，从而影响调查执行工作的顺利开展。

（四）答案可分析

基于问题收集的答案、数据最终会用于研究分析，因此其是否能满足研究需要，是评估问题设置得好坏的最重要标准。如果回收的数据可靠性不足、偏误较大、信度和效度不佳，对研究分析没有利用价值，那么我们可以说，相关问题的设计就是失败的。

在问题设计工作进入收尾阶段后，问卷设计者应当及时启动问题评估工作。问

卷设计者可以先通读一遍问卷，然后邀请团队中的其他成员及团队以外的人员充当受访者，模拟调查执行，并在这个过程中发现、记录存在的不足。具体操作方式如下：首先，准备一张标注所有问题题号的表格；其次，在通读问卷和模拟调查执行的过程中，逐一评判每个问题在理解、回答、适用、分析等方面的缺陷，同时将相应情况记录在表格中的对应位置；最后，及时整理、总结，并对问卷进行修订、完善。此外，在预调查和实地调查执行期间，问卷设计者也可以采用上述方法对所有问题进行评估，但相比之下，后者的评估效果会更佳。对数据可靠性的评估主要依托预调查进行，评估的方面包括信度、效度、精确度等。在大型社会抽样调查项目中，通过预调查采集的数据，其精确度必须达到相应标准，否则问卷设计者就应查明原因，并对问卷进行反复修改。

第四节　问卷测量误差

在大型社会抽样调查项目中，问卷是导致测量误差的重要因素之一。问题与研究主题之间的契合度、问题表述的准确度、问题理解的难易程度等都会对问卷的测量效果产生较大影响。

一、问卷测量误差的产生

一般而言，导致问卷产生测量误差的常见因素如下：

（一）研究目标不明确

在前文中我们已经提到，明确的研究目标能为问题设计提供指引。如果问卷设计者在没有明确研究目标，无法确定需要收集哪些资料、信息的情况下就动手设计问卷，那么其只能"凭空想象"或"拍脑袋"，最终导致回收的答案、数据无法用于研究分析。

（二）问题难度超出受访者的能力范围

问卷设计者要始终考虑所设计的问题是否在调查对象的认知范围内，即评估调查对象是否具有回答某个问题的能力。一般而言，除非测量调查对象在某一方面的认知情况或知识水平，否则问卷设计者应当在问题设计过程中避免出现以下状况：

1. 设计的问题不为调查对象所了解

例如，向一位从未听说过股票的人询问其对股市的预期，这就是强人所难，且得到的答案无法用于研究分析。

2. 设计的问题难以清楚回忆

难以清楚回忆包括两种情况：一是事情发生的时间较为久远，受访者的记忆已经模糊；二是事情涉及的内容过多、数量过大、频率过高，受访者难以准确计数。例如，"过去一年，您的手机卡充过多少次通信费？"除非充值时间及金额极有规律，否则这个问题对大部分手机用户而言，是难以确切地回答出来的。

（三）问题表述不明确

如果设计的问题存在概念界定不清、范围涵盖不明、语句有歧义等缺陷，那么调查对象将无法准确理解问卷设计者在设计这些问题时的本意。问答是调查人员与调查对象进行沟通交流的一种重要方式。要想减少调查人员与调查对象在问答时的阻碍，问卷设计者就要清晰明确地阐释相关概念及术语，并确保调查人员与调查对象对其表述形成一致理解。

（四）受访者虚报社会期许行为而隐瞒社会反对行为

社会期许问题的设计是所有问卷设计者都会面临的难题。毫无疑问，部分受访者为顺应社会期许而隐藏自身的真实行为与态度，进而导致数据偏差。这种情况的出现可能涉及两个方面的原因：一方面，受访者希望为自己塑造正面形象；另一方面，受访者担心提供真实答案会损害自身的利益。

关于社会期许导致的数据偏差，现有的诸多指导问卷设计的文献对此有所涉及。这些研究发现，人们会虚报社会期许行为，而隐瞒社会反对行为。为了减小社会期许问题所带来的数据偏差，问卷设计者可以适当增加一些客观问题，从而检验调查对象的行为与态度是否与其答题观点一致。例如，对"请问您是否赞同环境保护？"如果受访者回答"是"，那么问卷设计者可以考虑通过加入问题（"您是否在上次的××环境保护活动中捐款？"及"您是否愿意每年捐款，以支持环境保护？"）来印证上一问题的答案。此外，调查对象自行填答问卷也有助于减少虚报现象。需要说明的是，以上用于减少虚报现象的方式仅供参考，由于缺乏实践检验，因此具体效果有待进一步考查。

为了减小社会反对导致的数据偏差，问卷设计者需要采用一些技巧，以减少受访者的隐瞒。现有的诸多研究问卷设计的资料介绍了一些可行的方法，如随机法。该方法的操作流程如下：首先，设计一个社会反对问题和一个常规问题；其次，分别设定这两个问题的出现概率。有研究表明，使用长问题能够减弱隐瞒倾向，且使用长问题会比使用短问题增加25%~30%的社会反对行为报告数[①]。最后，创造特定的语境，将几个社会反对问题放置在一起。当出现社会反对程度较高的问题时，受访者对社会反对程度较低的问题更能够提供准确答案。此外，问卷设计者应谨慎措辞，尽量降低受访者对问题的敏感度，如使用"大多数人会这样""在很多情况下难免出现""情有可原"等表述，为某种社会反对行为的存在找理由或借口，从而在一定程度上减小隐瞒社会反对行为的可能性。

（五）隐私信息采集受阻

受访者不愿意提供涉及自身的隐私信息，这是普遍现象，也是多数社会调查项目会遇到的难题。调查执行人员采集隐私信息，会使受访者产生不安全感。因此，问卷设计者在问卷设计中应尽量避免设置与受访者隐私有关的问题，但如果研究确有需要，那么问卷设计者、调查执行人员可以采取委婉的表达方式，以尽力消除受访者的戒备心理，并注意妥善保管，避免信息泄漏。

在使用计算机辅助调查问卷开展调查执行工作时，将与受访者隐私有关的问题交由受访者自行填写是一种可行的方式。由于受访者在完成问卷填答后，系统会自

65

---

① 布拉德伯恩，萨德曼，万辛克. 问卷设计手册 [M]. 赵峰，译. 重庆：重庆大学出版社，2011.

动实现页面跳转，并将数据实时回传至后台，因此调查执行人员无法查看相关信息，这样就能有力地保护受访者的隐私。

（六）问答耗时过长

一份调查问卷应设计多少题量，问答应在多长时间内结束，这些都是需要仔细研究的问题。毋庸置疑，随着问答时间的不断增加，部分受访者的精力、注意力、配合度会持续下降，甚至有少数受访者在问答进入后半阶段时敷衍了事，从而造成数据质量不高等问题。因此，问卷设计者必须合理安排问卷题量，并在调查执行工作正式开展前，基于问卷完成对问答时长的测试工作。

（七）调查执行方式不合理

这里的调查执行方式包括两种：一是调查人员入户后，通过主动提问、由调查对象回答的方式来采集信息；二是调查人员通过主动发放问卷、由调查对象自行填写的方式来采集信息。两种方式各有优劣，具体如下：

（1）对前一种方式而言，优点在于，其为调查人员、调查对象提供了面对面交流的机会，有助于调查人员为调查对象答疑解惑，并指导调查对象及时修正不符合认知、逻辑的答案，使得调查对象在答题时拥有清晰的思路，并乐意投入更多的精力去思考；缺点在于，其要求调查人员入户，这会给调查对象带来心理负担。

（2）对后一种方式而言，优点在于，其允许自行填答，因此调查对象更乐意表达自己内心的真实想法；缺点在于，答题过程不受控制，且问卷回收率不易把握。

二、问卷测量误差的评估

既然问卷可能引起测量误差，问卷设计者就应在问卷设计过程中尽力增强问卷的有效性和可靠性，从而避免问卷缺陷导致的某些可校正或可消除的误差。这就意味着，在问卷定稿后，问卷设计者需要及时评估问卷质量。目前，问卷质量评估主要涉及两个重要指标：效度和信度。

（一）效度

效度（validity）通常指问卷的有效性和准确度，即问卷能在多大程度上测量出研究人员期望掌握的特性。效度反映了对问卷的系统误差的控制程度。对大型社会抽样调查项目而言，问卷的效度比信度更应得到重视。效度展示的是一个相对概念，即只会说明高低程度上的不同，而不会表示有或无的差异。

一般来讲，问卷效度是无法实际测量的，因此我们会采用一些手段对其进行评估。常用的方法是根据现有信息进行逻辑推断或利用相关数据进行统计分析。常见的效度指标有内容效度、结构效度和效标效度。

1. 内容效度

内容效度（content validity）指问卷内容与调查主题、研究目标的契合程度，即问卷能在多大程度上合理设置与调查主题有关的各项指标、准确获取与研究目标有关的各类信息。一份内容效度较高的问卷必须满足以下三个条件：其一，设计的问题应当覆盖研究人员期望测量的内容；其二，设计的问题应当处于规定的范围，且具有代表性；其三，问题的构成应当科学合理。内容效度的评估方法主要包括专家判断法和统计分析法。

（1）专家判断法。专家判断法，顾名思义，即召集相关研究领域的专家，对问卷内容与调查主题、研究目标的相关性作出判断的方法。这种方法类似于前文所述的小组焦点讨论法。

（2）统计分析法。统计分析法的具体操作方式如下：首先，从问卷总体中随机抽选出一些问题，用于形成两份问卷；其次，利用这两份问卷对同一批受访者进行调查，从而判定这两份问卷的相关度；最后，根据这两份问卷的相关度来评估问卷总体的内容效度，若相关度越高，则问卷的内容效度就越高。

2. 结构效度

结构效度（construct validity）指问卷测量结果能够对研究主题或调查对象的某一特征进行解释的程度。如果问卷测量结果能从统计意义上对研究主题或调查对象的某一特征作出有效解释，那么我们可以说这份问卷具有较高的结构效度。

评估结构效度的常用方法是因子分析法。下面以针对某个群体开展心理健康问卷调查为例，来具体说明因子分析法的操作流程。问卷包含抑郁、焦虑、压力三个维度，每个维度下分别设计若干问题。在调查执行工作完成后，问卷设计者可对所有回收数据进行因子分析，并通过两个步骤评估问卷的结构效度：第一步，确定所有有关抑郁的问题都在第一个因子（公共因子）上具有较高载荷（大于0.4），所有有关焦虑和压力的问题则分别在第二个因子和三个因子上具有较高载荷，且每个维度的问题只在一个因子上具有较高载荷，而在其他因子上具有较低载荷；第二步，将该问卷与其他已被证明测量结果有效的心理健康问卷相比，若同一维度的问题在同一个因子上都具有较高载荷，则该问卷能够准确作出与其他有效问卷相同的解释。

总体而言，评估问卷的结构效度主要有四个步骤：第一步，以现有文献、研究成果、实际经验及社会文化背景为依据构建理论假设；第二步，对问卷中设置的问题开展同质性分析，如分析问卷的内容结构、观察随机组合的受访者对问题的反应，以此判断问卷的结构效度；第三步，判断问卷与相关研究领域内其他权威性调查问卷之间的相关度；第四步，通过一系列统计分析，检验问卷是否能够有效体现初期构建的理论假设。

3. 效标效度

效标效度（criterion validity）指问卷测量结果与某个准确结果之间的一致性程度。这个准确结果既可以来源于具有公信力的政府统计公报，又可以来源于某个权威机构的调查数据，还可以来源于一份公认有效的测量问卷或量表。效标效度反映了问卷测量结果与外界同类项目准则（效标）之间的关联程度，用系数来表示。

对问卷的效标效度进行评估的前提是选择一个良好的效标。一个良好的效标必须满足以下条件：首先，效标能够较好地反映研究主题或调查对象的特征，尤其是在选择其他公认有效的测量问卷或量表作为效标时，必须确保其测量结果具有较高的信度和效度；其次，效标应该是客观的、可测量的，且可以通过数据或等级来呈现；最后，效标的使用必须简单、经济。

（二）信度

1. 基本概念

信度指问卷测量结果的精确度和可信程度，主要用于判定问卷是否能为研究人员提供可靠的统计数据，进而为管理部门做出正确的决策提供参考。

信度分析主要包括以下两个方面的内容：第一，考查在问卷内容、受访者不变的情况下，问卷测量结果是否会随时间、地点等因素的变化而改变；第二，考查问卷测量结果是否因随机误差的干扰而改变。

2. 测量方法

（1）计算克隆巴赫α信度系数。

克隆巴赫α信度系数主要用于评价问卷内部的一致性，根据问卷中问题数量 k 和不同问题之间的期望协方差与期望方差之比（$\overline{\text{cov}}/\overline{\text{var}}$）计算得到。α 的取值在 0~1。若 α 越大，则表明问卷的信度越高，问卷内部的一致性也就越好。克隆巴赫 α 信度系数的公式如下：

$$\alpha = \frac{k(\overline{\text{cov}}/\overline{\text{var}})}{1 + (k-1)(\overline{\text{cov}}/\overline{\text{var}})}$$

假设不同问题的方差相等，则上述比率就可以简化为问题之间相关系数的均值 $\bar{r}$，此时的 α 称为标准项目 α 信度系数，公式为

$$\alpha = \frac{k\bar{r}}{1 + (k-1)\bar{r}}$$

一般而言，在基础性研究中，α 超过 0.8 时，问卷才可使用；而在探索性研究中，α 超过 0.7 时，问卷才可使用。此外，当 $\alpha < 0.35$ 时，问卷的信度较低；当 $0.35 \leqslant \alpha < 0.7$ 时，问卷的信度一般；当 $\alpha \geqslant 0.7$ 时，问卷的信度较高。

（2）测量分半信度。

测量分半信度也是一种常用的信度评估方法。具体来说，分半信度的测量方式如下：将问卷中的问题拆分给两个不同的小组，并对比两组的调查结果。分半信度的计算公式如下：

$$r_{xx} = \frac{2r_{hh}}{1 + r_{hh}}$$

式中，r_{hh} 为两组半份问卷的相关系数，r_{xx} 为整体问卷的信度估计值。值得注意的是，当问卷中的题量较少时，我们需要对上述公式进行校正。校正公式一般包括弗朗那根公式和卢伦公式。

①弗朗那根公式：

$$r = 2\left(1 - \frac{S_a^2 + S_b^2}{S_x^2}\right)$$

式中，S_a^2 和 S_b^2 分别为两组半份问卷的测量结果的方差，S_x^2 为整体问卷的测量结果的方差，r 为信度值。

②卢伦公式：

$$r = 1 - \frac{S_d^2}{S_x^2}$$

式中，S_d^2 为两组半份问卷的测量结果之差的方差，S_x^2 为整体问卷的测量结果的方差，r 为信度值。

（3）测量重测信度。

重测信度又称再测信度，主要用于反映跨越时间的调查结果的稳定性和一致性。具体来说，重测信度的测量方式如下：对同一批受访者，在不同时间，采用相同的问卷进行重复调查，并对两次调查结果进行相关性分析。测量重测信度的前提条件是在前后两次调查中，受访者的相关情况未发生改变。重测信度通过计算皮尔逊积差相关系数 r 得到。

$$r = \frac{\sum XY - \frac{(\sum X)(\sum Y)}{n}}{\sqrt{\left(\sum X^2 - \frac{(\sum X)^2}{n}\right)\left(\sum Y^2 - \frac{(\sum Y)^2}{n}\right)}}$$

从上述定义中我们不难看出重测信度的局限性：如果两次调查的间隔时间过长，则受访者所处的环境容易受到某些因素的影响；如果两次调查的间隔时间过短，则受访者在接受第二次访问时容易受到之前调查结果的影响。

（4）测量复本信度。

根据研究主题编制两份内容相似但设问不同的问卷，由受访者分别作答，所得调查结果的相关性即复本信度。

复本信度也具有一定的局限性：一方面，在实际操作过程中，复本不易编制，且与原本相比，往往存在一定的误差；另一方面，复本信度只能反映问卷本身的误差，而不能识别受访者产生的误差。

第二篇：调查执行篇

第二篇：周章作作品赏

第五章
实地绘图抽样

在针对特定人群或特定对象的社会调查中，如某公司的客户调查、某地区的医疗保险参保人员调查等，项目组可以通过特殊渠道获得翔实、准确的样本单元信息，而不必对其进行单独采集。然而，在以全国或某地区的全体住户、商户、地址、建筑等为基本抽样单元的调查中，项目组往往无法直接获取具体的样本单元信息，因此，其在调查执行工作中面临的第一项任务就是构建末端样本框（抽样框）。在多数社会调查中，获取住户、商户、地址、建筑等信息的方法主要有如下两种：

第一，借助村（居）委会或公安部门的户籍资料抽样。但是，目前我国的流动人口众多，人户分离现象严重，根据《中华人民共和国2019年国民经济和社会发展统计公报》，2019年全国人户分离的人口为2.8亿人，其中流动人口达2.36亿人[①]，因此户籍资料难以完整、准确、及时地反映当地的真实住户信息。可见，如果仅依赖户籍资料进行抽样，那么可能会产生较大的误差。

第二，根据村（居）委会辖区内的地址信息抽样。但是，目前在我国的大部分地区，村（居）委会尚未掌握准确、完善的门牌信息或邮寄地址。可见，如果采用此法，那么可能也会产生较大误差。

由于以上两种传统的获取样本单元信息的方法存在弊端，因此近年来，越来越多的国内专业调查机构开始采用地图法来构建末端样本框。所谓地图法，是指绘图人员进入村（居）委会（或其他指定样本区域），实地绘制村（居）委会（或其他指定样本区域）的所有建筑物，并采集、录入建筑物包含的全部住宅信息及地址信息，以此作为末端样本框。

以地图法构建末端样本框的优势在于，其能够帮助绘图人员采集抽中区域内的所有样本单元信息。在此基础上，绘图人员结合实地核查方法，可以识别出不符合调查执行要求的样本单元及其他特殊信息，最终形成样本地址、样本信息相对完备的抽样框，从而有效提升抽样精度，减小抽样误差。

以家庭住户调查为例，利用地图法可以采集抽中区域内的所有建筑物及其包含的住宅信息、地址信息。我们定义的"家庭住户"，是指居住在某个住宅类建筑物（包括单位家属楼）内的家庭，而不涉及居住在非住宅类建筑物（如寝室、宾馆、

[①]　国家统计局. 中华人民共和国2019年国民经济和社会发展统计公报［EB/OL］.（2020-02-28）［2024-01-01］. https：//www. gov. cn/xinwen/2020-02/28/content_5484361. htm.

73

集体宿舍）内的人。因此，在从以地图法构建的末端样本框中抽取样本单元时，该区域的所有家庭住户都有相同的概率被抽中。

以地图法构建末端样本框包含两部分工作内容：一是绘制抽中区域的地图，二是在电子系统中录入样本单元信息。其中，在绘制抽中区域的地图时，需要完成以下几项主要工作：确定抽中区域的行政边界、获取基图或绘制参考底图及绘制调查地图。在录入样本单元信息时，需要完成的工作是给抽中区域内的每个样本单元编号，并在电子系统中录入每个样本单元包含的住宅信息、地址信息和其他信息。

常见的绘图方式有三种：电绘（利用电子系统绘制抽样地图）、手绘（手工绘制抽样地图）、直抽（直接抽取样本）。绘图方式的选择主要根据抽中区域的特点确定。以社区家庭住户调查为例，绘图方式选择如下：对城镇社区一般选择手绘或电绘；对外来人口不超过15%的农村社区一般选择直抽，对外来人口超过15%的农村社区一般选择手绘或电绘。无论采用哪种绘图方式，操作过程都包含以下几个步骤：第一步，在电子系统中确定需要进行绘图的抽中区域的边界；第二步，绘图，即构建末端样本框和采集住户信息，在手绘及电绘中可以利用建筑物采集住户信息，而在直抽中可以利用村委会提供的户籍资料采集住户信息；第三步，抽样，即从总体样本中抽取需要调查访问的家庭住户；第四步，核户，即判断抽取出来的家庭住户是否为空户。手绘、电绘、直抽三种绘图方式除在第二步的操作上有所区别外，在其他步骤的操作上都是相同的。

下面本书将以社区家庭住户调查为例，依次介绍利用电子系统绘制抽样地图、手工绘制抽样地图、直接抽取样本三种绘图方式的具体实施过程。

第一节　利用电子系统绘制抽样地图

如果电子地图较为清晰，且样本单元（如建筑物）分隔明显，则该区域适宜采用利用电子系统绘制抽样地图的形式。相对于手工绘制抽样地图，运用电子系统绘制抽样地图的操作更加简单、高效。本节我们将以社区家庭住户分布地图为例，对使用电子系统绘制抽样地图的工作流程进行详细介绍。

一、在电子系统中确定抽中区域边界

在电子系统中确定抽中区域边界的步骤如下：首先，登录电子系统；其次，打开抽中社区的地图，进入绘图模式；最后，在社区工作人员的帮助下绘制该社区的边界。绘图有多边形绘图及曲线绘图两种方式，其中，曲线绘图比较随意，绘图人员可以根据实际情况自行选择。在图5-1中，圆圈内的四边形就是通过曲线绘图方式绘制的。

图 5-1　曲线绘图方式

　　大多数社会调查项目投入的人力、物力、财力等是有限的，且绘图任务的完成通常有较高的时效要求。在这种情况下，对大社区进行拆分就成为一种既不放弃大社区，又能充分研究大社区的有效手段。具体操作方式如下：采用科学严谨的方法，将大社区拆分为若干子社区，并从中抽取一个或几个代表用于研究。

　　那么，我们如何才能确定一个社区是否为大社区，又该如何对大社区进行拆分呢？一般来讲，我们可以将常住家庭住户总数作为评判依据。当然，这并不是区分大小社区的唯一标准，各类社会调查可根据项目实际情况进行选择。在对大社区进行拆分时，有三种方法，即按照自然群落和行政区划进行拆分、按照自然地貌和建筑特征进行拆分及按照片区编号规则进行拆分。

二、绘制电子地图

　　在确定抽中区域的边界后，绘图人员就进入了添加建筑物的环节。添加建筑物是指在电子地图上直接打点，具体操作方式如下：首先，将电子地图的比例尺放到最大；其次，找到相应的建筑物，并通过打点确定其地理位置；再次，编辑录入该建筑物的有关信息（见图 5-2），内容包括建筑物编号、单元数量、地址信息、楼层数量、住户数量和地址信息，并标记空户和非住户；最后，电子系统将根据录入的建筑物信息生成家庭住户清单，这个清单即末端样本框，用于抽取需要调查的家庭住户。

图 5-2　编辑录入建筑物信息

三、抽样

抽样，即从系统生成的家庭住户清单中抽取需要调查的家庭住户，也就是调查对象。在家庭住户清单生成以后，绘图人员就可以进入抽样界面。抽样的具体操作流程如下：由于项目组事先已经制定、编写好抽样规则和抽样标准，因此绘图人员只需要在电子系统中填写所要抽取的样本数量，随后系统即可自行完成抽样。需要说明的是，在抽样过程中，系统会自动剔除标记的空户和非住户。

四、核户

核户，即进一步核实抽中的住户，确认空户和非住户未在抽取之列，并复核、修订、完善住户的实际居住地址。绘图人员可以通过观察或向物业、居委会工作人员询问的方式对抽取的样本进行实地确认，而无须敲门，以免打扰住户。

第二节　手工绘制抽样地图

针对建筑物分布错综复杂、区域边界模糊不清、电子地图不能完全显示的城镇社区，以及外来人口超过 15% 的农村社区，一般采取手工绘制抽样地图的方式。本节以社区家庭住户调查为例，介绍手工绘制抽样地图的基本步骤。

一、确定基本要素及图例符号

在正式开展手工绘制抽样地图工作之前，绘图人员必须根据社会调查项目的实际情况，明确必需的基本要素，同时制定统一的、规范的图例符号。

（一）基本要素

1. 基本信息

基本信息一般标注在图纸的上部或底部，包括社区地址、图纸类型（总图或分图）、绘图日期、绘图人员姓名、审核人员姓名、绘图时间、审核时间、图纸页码等。在填写基本信息时，社区地址应当完整准确，如××省、××市、××区（县）、××街道（乡镇）、××社区（村）。对于分图，还应在图纸类型"分图"后面的括号内标示分图编号，分图编号应与总图分区编号一致，具体的编号标准为分图总数-分图号。例如，一套图纸中有 4 张分图，则第 2 张分图编号为 4-2。关于图纸页码，是指对一个社区（村）绘制的总图、分图的全部张数。例如，一套图纸中有 2 张总图、4 张分图，则图纸页码标注为"共 6 页"。

2. 方向标识

方向标识的绘制方法如下：在图纸左上角设置空白方框，在方框内以十字箭头标示所绘地图的方向（见图5-3）。

图 5-3 方向标识

3. 社区边界

社区边界的绘制方法如下：在总图中以虚线绘制抽中社区的行政区划界线。

4. 建筑物

建筑物是样本单元的载体，是所绘地图中最重要的基本要素。绘图人员需要绘制抽中区域内的所有建筑物，包括住宅类建筑物及非住宅类建筑物，并准确展示建筑物的朝向和方位。需要说明的是，住宅类建筑物和非住宅类建筑物是以不同的图例符号绘制的。

5. 交通线路

交通线路主要包括街道、公路、铁路、桥梁等，是引导调查人员行走及寻找调查对象的重要依据，因此绘图人员应标注出所绘地图中所有交通线路的名称。

6. 地理、水文信息

地理、水文信息可以为调查人员提供位置参考，因此应尽可能地标示出来，包括山丘、草地、农田、江河、湖泊等。此外，其他标志性建筑物，如医院、学校、公园、商业综合体等也须绘入地图。

7. 最优行走路线

最优行走路线指绘图人员以最短距离走完所有住宅类建筑物的路线。每张分图都应有最优行走路线。行走路线是一条带箭头的直线，起点和终点在所绘地图中分别以(起)和(终)表示。

8. 备注栏

在手工绘制抽样地图时，绘图人员经常会遇到需要添加说明的情况，以便提示调查人员。由于图纸版面的限制，有关信息难以在相应的基本要素处注明，因此，在图纸右侧预留备注栏很有必要。备注栏的使用方法如下：在需要添加说明的基本要素处绘制一个按顺序编号的三角形，同时在备注栏中作出具体解释，如“此处有楼梯可用”（见图 5-4）。

备注栏

△1 此处有楼梯可用
△2 商住两用型建筑物，一楼为商铺
△3 边界交错地带，该建筑物不属于本社区

图 5-4　备注栏

（二）图例符号

在手工绘制抽样地图时，绘图人员应该严格使用事先制定的、统一的、规范的图例符号开展工作。此处，我们以中国家庭金融调查所绘地图的图例符号来展示（见图 5-5）。

在手工绘制抽样地图时，若遇到图例符号未涉及的地理要素，则绘图人员可根据实际情况适当添加，并在备注栏解释说明。

需要说明的是，绘图人员应按照上北下南、左西右东的原则手工绘制抽样地图。若抽中区域受到地形、地貌等因素的限制或其他特殊情况的影响，导致上述方法难以运用，则方位、朝向可以稍作调整。

图 5-6 为包含了基本要素及图例符号的手工绘制抽样地图。

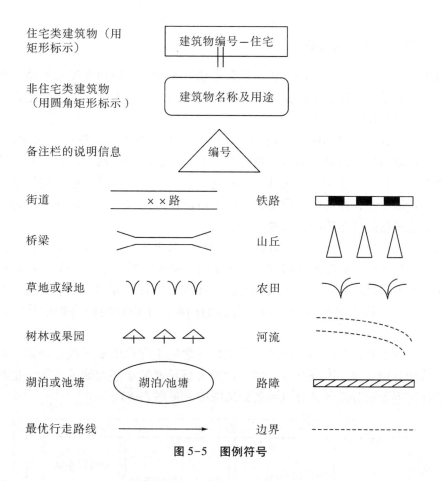

图 5-5 图例符号

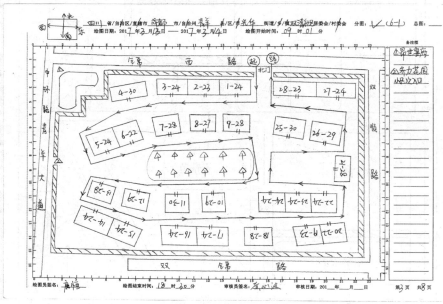

图 5-6 手工绘制抽样地图

二、确定社区行政边界

由于手工绘制主要针对的是建筑物分布错综复杂、区域边界模糊不清、电子地图不能完全显示的社区，因此在绘制工作开展之前，绘图人员需要准确把握社区行政边界，具体操作方式如下：

第一步，大致了解抽中社区范围。绘图人员须对抽中社区进行一次实地考察，从而掌握行政边界、地形和周边参照物等信息。当抽中社区的建筑物与相邻社区的建筑物交错分布时，绘图人员尤其需要实地走访，以便明确哪些建筑物属于抽中社区。需要强调的是，在考察过程中，绘图人员还需掌握抽中社区的住宅类建筑物与非住宅类建筑物的分布情况，以便分类绘制。

第二步，沿边界行走并绘制社区行政边界。沿边界行走的方法如下：以抽中社区的西北角为起点，先按照从西到东、由北向南的方位顺序行走，再按照从东到西、由南向北的方位顺序行走，直至回到起点，即按照顺时针方向行走，形成闭合环线（见图5-7）。绘图人员可以在沿边界行走的同时，用虚线绘制出抽中社区的行政边界。

需要注意的是，如果抽中社区与周边社区之间不存在明显界线或间隔，如相邻两幢建筑物分别隶属于不同社区，那么绘图人员须遵循宁多勿缺的原则，把虽不属于抽中社区但无法分割的部分也绘制到地图中（见图5-8）。

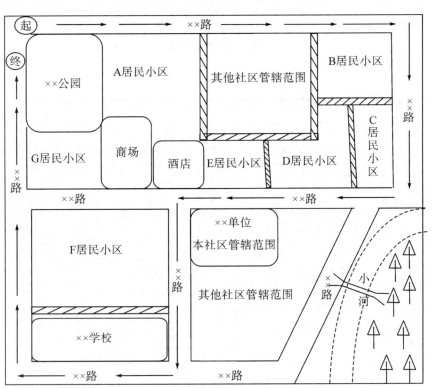

图 5-7 沿边界行走示例

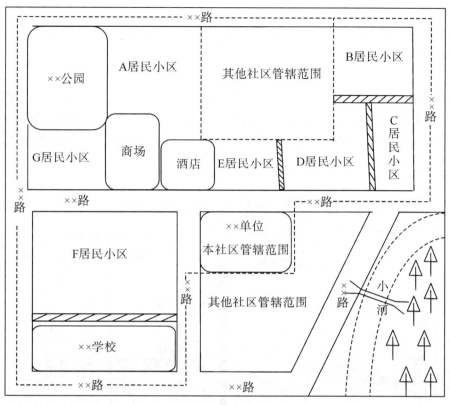

图 5-8　绘制社区行政边界

三、绘制参考底图

参考底图指能够帮助绘图人员对抽中社区形成整体性认识的地图。能用作参考底图的可以是社区行政区划图，也可以是百度地图、高德地图等平台的社区卫星图片。如果参考底图不够清晰，或者参考底图与实地情况相比有差异，那么绘图人员在确定社区行政边界时需要对参考底图进行完善。

若绘图人员未能获取抽中社区的参考底图，则此时需要自己动手绘制。需要注意的是，这里的参考底图不是调查执行时所用的抽样地图，而是草图，仅供实地绘图时参考。

参考底图应能展示抽中社区的轮廓，绘图人员在参考底图中补充其他关键信息。

为了方便调查人员按照参考底图寻找调查对象，绘图人员应详细画出抽中社区内（必要时可以画出抽中社区外的附近区域）的标志性建筑物。

四、绘制调查地图

（一）总图与分图的绘制

前文的基本要素中已经提到图纸类型包括总图和分图。具体而言，当社区面积较小或家庭住户较少时，我们应尽量使用一张图纸进行绘制，并将这张图纸作为总图，而不再绘制分图。但是，在大型社会抽样调查的实地绘图过程中，在多数情况下，绘图人员需要使用多张图纸才能绘制出一个社区（村）的全部要素，这时总图和分图的绘制就必不可少。

1. 总图

总图对整个社区的全貌进行展现，由一张图纸绘制而成（见图5-9）。总图主要标示分图编号及方位信息。其中，分图编号要按一定顺序进行，绝对不能杂乱，格式如下：分图总数-分图号。总图绘制完成后，绘图人员须在图纸右上角的"总图"处打"√"。

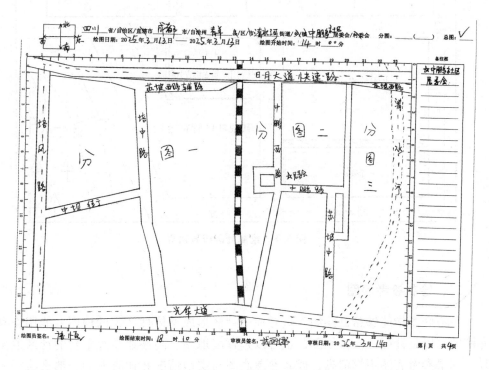

图 5-9　总图

2. 分图

分图主要展示基本要素，分图之间要形成有效衔接，以分图1和分图2为例（见图5-10至图5-11）。分图绘制完成后，绘图人员须在图纸右上角的"分图"处打"√"，并填写分图编号，要确保分图中的分图编号与总图中的分图编号完全一致。

分图绘制的常用方法如下：首先，从大社区的西北角出发向东行走，一边走一边在图纸上绘制右手边的所有基本要素；其次，在绘抵图纸右侧边线后右转，向南行走，一边走一边在图纸上绘制右手边的所有基本要素；最后，在绘抵图纸底侧边线后右转，并重复上述操作，直至回到西北角的起点位置，这样就绘制出一个封闭区域，并将该区域绘制完成。在绘制分图的过程中，绘图人员行走的路线即分图的边界线，因此在遇到岔路时要继续沿着当前道路行走，只有在绘抵图纸边线后，才能右转（见图5-12）。

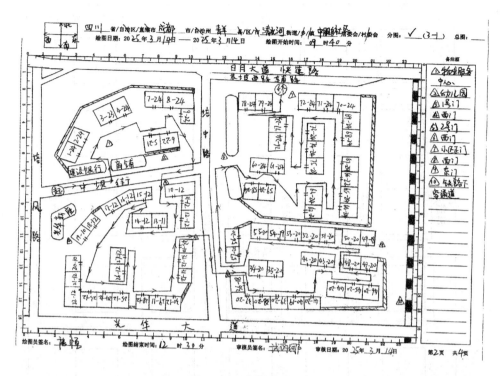

图 5-10　分图（1）

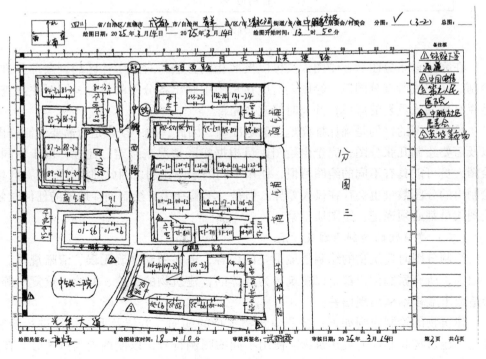

图 5-11　分图（2）

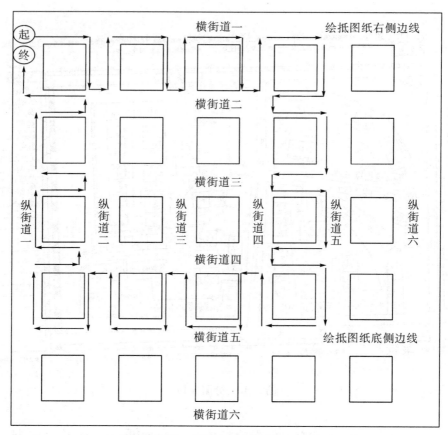

图 5-12 分图绘制方式

在完成首张分图后，绘图人员可以按照相同方法，对抽中社区的剩余部分进行绘制。在完成所有分图后，绘图人员应在总图中画出各分图的位置，同时注意查看是否有遗漏或重复的区域，并及时修改、完善。

绘制分图的目的是确保抽样地图清晰准确，因此，抽中社区是否需要绘制分图，以及需要绘制几张分图，完全由绘图人员根据实际情况来判定。此外，由于不同的绘图人员可能具有不同的绘图习惯、使用不同的绘图比例，因此即使针对同一区域，绘制出的分图数量也会存在极大差异。但是，不管在手工绘制抽样地图的任何时候，绘图人员都必须谨记：绘图质量第一！

（二）建筑物的绘制原则及方法

绘制分图时建筑物的绘制是最重要的内容，务必做到准确无误、清晰规范。这是因为，所有家庭住户都是以建筑物为载体的，建筑物的错绘、漏绘、重复绘等都会造成末端样本框出现偏差。

建筑物的绘制原则如下：按照建筑物本身的朝向、方位及形态特征进行绘制。住宅类建筑物和非住宅类建筑物应使用不同的图例符号，以便调查人员区分。在以家庭住户为调查对象的项目中，这种区分尤其重要。在中国家庭金融调查的图例符号中，直角矩形表示住宅类建筑物，圆角矩形表示非住宅类建筑物。

1. 住宅类建筑物的绘制方法

一般情况下，住宅类建筑物应以直角矩形绘制，但当住宅类建筑物的形状不规则时，我们应尽可能地按照其原本的形态特征进行绘制。在绘制住宅类建筑物时，需要注意如下事项：第一，如果同一幢楼中有几个单元，则将每个单元视为一个独立的住宅类建筑物，并单独用直角矩形表示；第二，相连的住宅类建筑物（如同一幢楼中的不同单元）应当连在一起；第三，不相连的住宅类建筑物之间应当留出间隔。具体来说，住宅类建筑物的绘制应包括以下信息：

（1）编号。在住宅类建筑物绘制完成后，绘图人员须按照最优行走路线进行编号，以对其进行区分。编号一般直接标注在直角矩形内。需要注意的是，住宅类建筑物的编号不必与原有楼号、门牌号等保持一致。

（2）家庭住户数。家庭住户数指每个独立的住宅类建筑物中的实际住户数（或住宅数），标注在编号后面，格式为编号-家庭住户数。仅有一户的住宅类建筑物无须填写家庭住户数。编号和家庭住户数的书写方向应与住宅类建筑物的朝向一致。

（3）类型。在绘制住宅类建筑物时，可适当对其类型进行标示，以便调查人员区分，如平房、自建楼、窑洞、四合院等。标示的内容宜简单明了，一般写在编号后面，格式为编号-类型-家庭住户数。

（4）朝向。一般来讲，朝向通过住宅类建筑物的出入口（正门或单元门）表示，符号为"‖"。如果一个住宅类建筑物有多个出入口，那么我们建议标注主入口，但是需要在备注栏中注明其他出入口的情况。

住宅类建筑物绘制示例如图5-13所示。

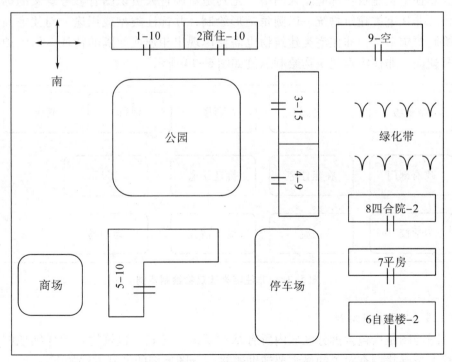

图5-13 住宅类建筑物绘制示例

在图 5-13 中，住宅类建筑物统一以直角矩形绘制，并保持原本的方位、朝向及形态特征。直角矩形内标注了住宅类建筑物的编号、类型、家庭住户数、朝向。

例如，"1-10" 代表编号为 1 的住宅类建筑物中有 10 个家庭住户（或住宅）；1 号与 2 号位于图纸的北面，朝向均为坐北朝南（" ‖ "代表出入口）；1 号与 2 号、3 号与 4 号分别连在一起绘制，表明它们是各自相连的住宅类建筑物（或同一幢楼中的不同单元），其他建筑物未连在一起绘制，表明它们之间是有间隔的；5 号为形态不规则的住宅类建筑物；7 号未标示家庭住户数，说明该住宅类建筑物中仅有一个家庭住户（或住宅）；"9-空" 代表编号为 9 的住宅类建筑物目前空置，无人居住。

需要注意的是，在手工绘制抽样地图的过程中，绘图人员应实地查看抽中社区内的所有住宅类建筑物，以明确其是否有人居住，并在样本清单中对空宅予以注明，以便在末端样本框中将其剔除，这项工作通常称为排空。

又如，2 号、6 号、7 号、8 号都标示了住宅类建筑物的具体类型，以方便调查人员辨别。其中，"2 商住-10" 代表编号为 2 的住宅类建筑物具备商用和居住的双重属性，且有 10 个家庭住户（或住宅）。此外，如果 2 号内有多个楼层、多个家庭住户（或住宅），那么我们还需要在备注栏中进行详细说明，如一楼为商铺、二楼及以上为住宅；如果 2 号内只有 1 个家庭住户（或住宅），那么我们只需要在编号后注明 "商住"，而无需标示家庭住户数。

2. 非住宅类建筑物的绘制方法

非住宅类建筑物包括商用建筑物、未完工或已拆迁的住宅类建筑物、公共建筑物等。非住宅类建筑物都应绘入图中，尤其是对调查人员识图有参考意义的标志性建筑物。非住宅类建筑物统一以圆角矩形绘制，并标注类型或用途。与住宅类建筑物的绘制要求一样，非住宅类建筑物也需要体现出相连或间隔的特征，但无须标注编号及朝向。非住宅类建筑物绘制示例如图 5-14 所示。

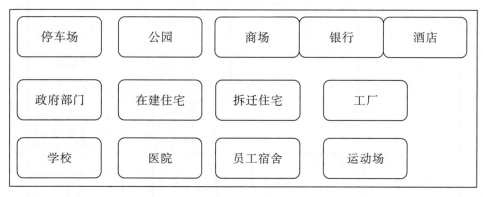

图 5-14　非住宅类建筑物绘制示例

（三）分图地图绘制

分图地图是指包含拆分区域内所有基本要素（尤其是建筑物）的详细地图，它是调查人员寻找调查对象的最主要辅助工具。分图地图的绘制方法如下：

以拆分区域的西北角为起点（在特殊情况下，也可将边界的其他位置作为起点），向东行走，一边走一边绘出右手边的所有基本要素，尤其是建筑物，确保不重不漏。在分图地图绘制过程中，绘图人员需要合理控制绘图比例，一种比较好的方法是根据自己的步伐衡量各要素的比例。在家庭住户调查项目中，当住宅类建筑物与其他要素在比例上不协调时，我们应优先保证清晰绘制住宅类建筑物，而对其他要素适当缩小比例。

在分图地图绘制过程中，若只有一条道路，则绘图人员应沿着这条道路一直走下去；若遇到岔路口，则向右转，然后继续行走；若走到道路尽头，或者遇到路障、社区边界线、已经走过的道路，则掉头，即前往道路的另一侧行走。在行走过程中，绘图人员务必遵循右手原则，即在走到岔路口时，不能左转。这样才能确保行走路线不重不漏，从而将拆分区域内的所有基本要素绘制进来。右手原则绘图示例如图5-15所示。

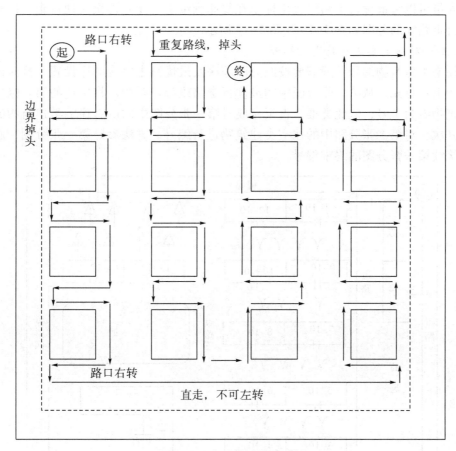

图5-15 右手原则绘图示例

前面提到，对抽中社区是否需要绘制分图，以及需要绘制几张分图，绘图人员应根据实际情况和自身的绘图习惯确定。但是，在某些情况下，绘图人员应尽量使用一张图纸，即只绘制总图而不绘制分图：第一，样本单元聚集点（如自然村、村民小组、聚居区）可以在一张图纸上清晰绘制时；第二，同一居民小区应尽量绘制在同一张图纸上，除非其规模特别庞大。

若抽中社区内的样本单元聚集点的边界较为清晰，则总图中应体现出所有聚集点的分布情况。若抽中社区的范围较小，则绘图人员绘制一张总图即可。

（四）标出最优行走路线并自查

按照质量控制标准，绘图人员须对所绘抽样地图进行自查，在确定内容正确无误的情况下，复印所有总图、分图，并将原件放入防水文件袋中保存。此后，绘图人员还需要在复印图纸上标示最优行走路线、对住宅类建筑物进行编号。

最优行走路线是指绘图人员以最短的距离走完所有住宅类建筑物的路线，用带箭头的直线表示。在绘制时，要确保最优行走路线单向、连贯且无交叉。如果抽中的社区有多张分图，那么绘图人员应按照分图编号顺序，将上一张分图中的最优行走路线终点作为下一张分图中的最优行走路线起点，但不需要完全重合。一般来讲，绘图人员可以将最优行走路线直接标示在复印图纸上，无须再次实地行走。标示出最优行走路线的分图如图5-16和图5-17所示。

（五）对住宅类建筑物进行编号

住宅类建筑物编号一般需要按照分图顺序及最优行走路线顺序设置，具体操作方式如下：首先，从第一张分图中的最优行走路线起点开始，将抵达的第一幢住宅类建筑物编为1号，依此类推，直至完成对第一张分图中的所有住宅类建筑物的编号；其次，对第二张分图中的住宅类建筑物进行编号，方法参照第一张分图，起始编号接续第一张分图的终末编号。

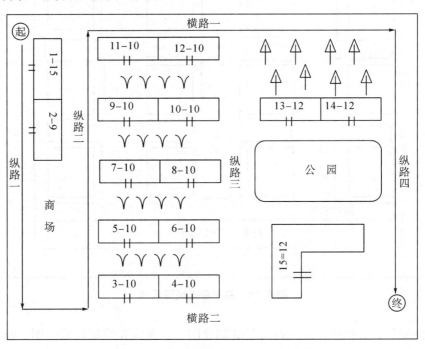

图5-16　标示出最优路线的分图（1）

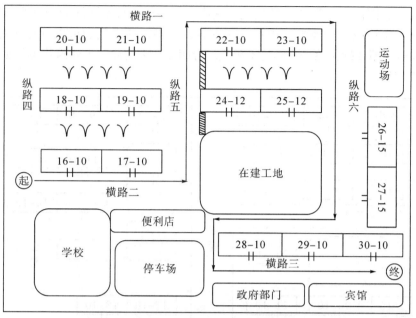

图 5-17 标示出最优行走路线的分图（2）

在编号时，务必确保每个住宅类建筑物的号码唯一，做到不重、不漏、不间断。对有多个单元的楼房，应将每个单元作为独立的住宅类建筑物并编号。对空置的住宅类建筑物，由于其仍具备居住属性，因此也应编号，但需要在编号后备注"空"。编号应写在与住宅类建筑物对应的直角矩形内，方向与该住宅类建筑物的朝向一致，即正对单元入口。标示出住宅类建筑物编号的抽样地图如图 5-18 所示。

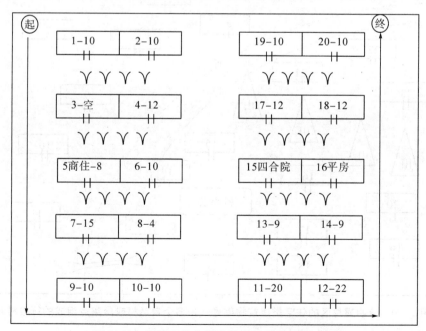

图 5-18 标示出住宅类建筑物编号的抽样地图

89

在同一分图内，如果住宅类建筑物是成片分布的，且不同区域间有明显的间隔，如被交通主干道或自然地貌（山川、河流等）分隔，那么我们可以分片区对住宅类建筑物编号，但要确保编号连续且不重复。分明显片区的住宅类建筑物编号如图5-19和图5-20所示。

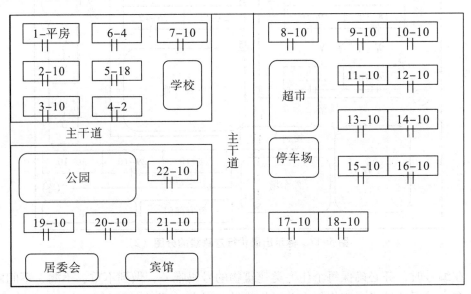

图5-19　分明显片区的住宅类建筑物编号（社区）

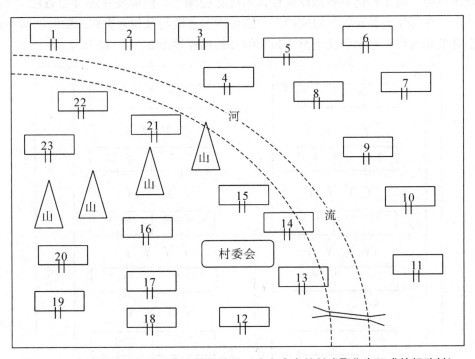

图5-20　分明显片区的住宅类建筑物编号（由多个自然村或聚集点组成的行政村）

需要说明的是，以下两种建筑物不需要编号：第一种，不具备居住属性的建筑物，如单位办公场地、纯商业建筑物、公共服务场所等。但是，家庭住户居住在不具备居住属性的建筑物内的情况并不少见，对此情形我们仍需按照住宅类建筑物进行绘制和编号。这就需要绘图人员对每个建筑物进行实地考察。第二种，暂不具备居住属性或已失去居住属性的住宅类建筑物，如在建住宅、拆迁（含规划 3 个月内拆迁）住宅、危房等。

（六）建立样本清单

在完成对所有住宅类建筑物的编号后，绘图人员需要根据编号顺序，在绘图系统中建立样本清单。这里的样本即样本单元，主要指住宅类建筑物中的家庭住户。同时，该样本清单也将作为末端抽样框，用于抽取调查对象。

建立样本清单时，需要在绘图系统中录入所有住宅类建筑物中的家庭住户信息，具体如下：

（1）住宅类建筑物编号。绘图人员需要在绘图系统中录入家庭住户所在住宅类建筑物的编号，并使其与图纸上的标注保持一致。

（2）楼层数。绘图人员需要在绘图系统中录入住宅类建筑物的总层数。

（3）每层住宅数。绘图人员需要在绘图系统中录入每个楼层的住宅数，这里的住宅包括空置住宅，但不包括不具备居住属性的房屋。

（4）住宅编号。绘图人员需要在绘图系统中录入每个楼层的所有住宅编号。在对住宅进行编号时，应采用右手原则，具体方法如下：绘图人员走出电梯或登上楼梯后，以右手第一户为每个楼层的 1 号，逆时针方向行走，按顺序对全部住宅编号。

（5）实际门牌号。实际门牌号指家庭住户门口悬挂的由公安机关统一编制、发放、管理的，用于标识具体位置的号码。如果没有实际门牌号，则可以不录入。如果同一家庭住户有两个实际门牌号，则应录入最新发放的。若无法判定，则可以向村（居）委会工作人员询问，并备注旧门牌号。

（6）样本类型。样本类型包括住户、空户、非住户。由于绘图系统默认生成住户，因此绘图人员需要根据实地考察的情况，标记出空户和非住户。

（7）样本单元的实际地址。样本单元的实际地址应当尽可能准确、详细，但是当家庭住户总数较多时，我们也可以只记录抽取样本单元的实际地址。

（8）备注信息。备注信息主要记录以下两个方面的内容：一是住宅识别信息，其能够帮助调查人员区分住户，如正门为红色铁门、自建的二层小楼；二是需要调查人员掌握的特殊情况，如空户。

绘图系统中的住宅类建筑物信息录入界面、全部楼层信息录入界面、各楼层家庭住户信息录入界面如图 5-21 至图 5-23 所示。

图 5-21　住宅类建筑物信息录入界面　　　　　图 5-22　全部楼层信息录入界面

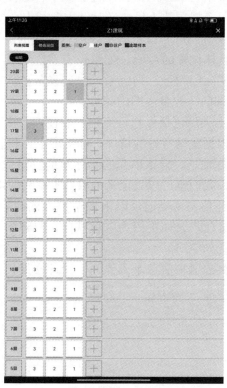

图 5-23　各楼层家庭住户信息录入界面

（七）抽取样本单元及核户

在样本清单整理完毕后，绘图人员便可在所绘社区中抽取需要调查的样本单元。在多数情况下，我们采用等距抽样和向上取整的方式抽取样本单元，具体操作步骤如下：

第一步，根据所绘社区家庭住户（剔除空户、非住户）总数和规定的抽样数量计算抽样间距。例如，假设所绘社区家庭住户总数为 1 000 户，规定的抽样数量为 50 户，则抽样间距为 1 000/50＝20。

第二步，按照住宅编号对所有样本单元排序，并采用随机方法确定抽样起点。

第三步，根据抽样间距，依次抽选样本单元。

在中国家庭金融调查绘图系统中，以上步骤都无须手动实施。即使绘图人员采用的是手工绘制抽样地图方式，也可在图纸绘制完成后，从系统中生成样本清单，并填写抽样数量，这样就完成了抽取样本单元的工作。

第四步，核户。对于抽取的样本单元，即抽中的家庭住户，绘图人员需要再次核实其是否为空户或非住户。在这个过程中，不要敲门，以免打扰调查对象，可以采取观察或向村（居）委会工作人员询问的方式。对于存在空户的情况，绘图人员需要参考第一步至第三步的操作，从剩下的样本单元中抽取，以补足抽样数量。此外，在核户过程中，绘图人员需要在绘图系统中详细记录家庭住户的详细地址，以便调查人员在开展调查执行工作时，能够按照绘图信息快速便捷地寻找到调查对象。

第三节　直接抽取样本

针对外来人口不超过 15% 的农村地区，绘图人员可以依据该村已有家庭住户名单直接抽取样本。直接抽取农村样本简称"直抽"，是指从村委会领取全村人员名单（建议使用人口普查名单、城乡居民医疗保险参保人员名单等）后，以家庭为单位将户主信息录入绘图系统，从而直接抽取样本并核户的方式。直抽的具体操作流程如下：

一、确定村庄位置

确定村庄位置即在绘图系统中点击"绘图"，圈定村庄边界。这里建议使用曲线绘图方式（见图 5-24）。

二、建立样本清单

绘图人员需要在剔除空户后，将全村家庭户主名单导入绘图系统，从而形成样本清单。全村家庭户主名单是基于全村人员名单生成的。在中国家庭金融调查绘图系统中，直抽模块下的添加建筑物功能能够用于导入、编辑抽中村的所有家庭户主信息。

三、抽取样本单元及核户

在上述工作完成后，绘图人员应以家庭住户为单位直接抽取样本并核实住户信息。

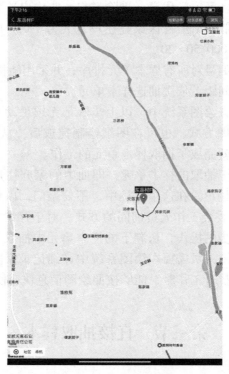

图 5-24　确定村庄位置

（一）直接抽取样本

绘图人员对已添加住宅编号的样本单元按照事先制定的抽样规则进行样本抽取，获得代表性。此操作可直接在绘图系统中完成。

（二）核户

核户，即对被抽取的家庭住户（样本单元）作进一步核实，确认其是否为空户，并在绘图系统中录入详细地址。此操作可以通过向村委会工作人员、物业工作人员等了解的方式实现，以免打扰调查对象，从而促进调查执行工作的开展。

（三）重复抽取样本

在核户过程中，绘图人员须将空户及不符合调查条件的住户予以剔除。在首次核户工作结束后，绘图人员须抽取对应数量的样本单元进行补充，并对新抽中的样本单元核户。绘图人员须重复以上步骤，直至达到规定的抽样数量。

第六章
调查执行工作

大型社会抽样调查所收集数据的精确度，除受样本代表性、问卷准确性的影响外，还与调查执行情况紧密相关。调查执行工作不只涉及访问人员与调查对象之间的访谈，还包含调查人员招募、调查人员培训、联络及协调、派出管理、调查执行管理、经验总结等内容，本章将对此进行具体介绍。

第一节　调查人员招募

调查人员作为实地调查工作的执行者和第一手资料的收集者，是大型社会抽样调查项目中的重要的人力资源。调查人员招募贯穿调查执行工作的始终，主要涉及宣传、筛选、面试、录用四个方面。

一、宣传

宣传的主要任务是利用多种推广方法及技巧，吸引人们的注意力，增强人们的兴趣，并使人们将这种兴趣转化为报名参与的动力。综观各类社会调查项目，宣传形式大致可以分为线上宣传和线下宣传两种。线上宣传主要指利用互联网手段进行的宣传，如在微信公众号、贴吧、QQ 群、微信群、朋友圈、就业网站等发布招募消息；线下宣传指利用传统渠道进行的宣传，如校园宣讲、社区广播、前期储备、内部举荐、朋友推荐等。需要说明的是，线上宣传和线下宣传并不是完全割裂开来的，而是各有优劣、相辅相成的。几种常用的宣传渠道如下：

（一）新媒体平台

目前，随着大众阅读习惯的改变，不少广告已从传统的纸质媒体流向便捷高效的新媒体，因此项目组可以考虑利用自媒体平台，如将调查人员招募相关信息投放在微信公众号、快手号、抖音号等，以生动简洁、诙谐幽默的语言吸引受众注意力，并可直接在文中说明参与价值及参与回报，从而激发受众兴趣。同时，项目组应在文末附上报名链接，促使人们将热情、激情转化为实际行动。

（二）就业网站

互联网的普及使得大量求职者通过就业网站寻找合适的工作。项目组亦可以利用此渠道发布调查人员招募信息。

（三）校园宣讲

大学生拥有的优良素质、较强学习能力和大把空闲时间决定了其可以作为主要招募对象，因此校园宣讲的重要性不言而喻。在具体的招募形式上，项目组可以采用喷绘展示、展架宣传、举办宣讲会等，力求最大限度地扩大项目在在校学生中的影响力。

（四）前期储备

某些专业调查机构因其开展的项目具有持续性和多样性，而不断招募、聘用有经验的调查人员，进而扩充人才库，并在此过程中为优秀调查人员建立档案。这样，在开展新的社会调查项目时，这些专业调查机构就可以根据项目需求和前期储备的调查人员的特点，因岗设人，安排合适人选。前期储备包括以下两个方面：一是在每期调查执行工作结束后，项目组向专业调查机构反馈调查人员的绩效情况，针对其工作态度及能力水平进行评估，提出中肯的合作或培养建议；二是专业调查机构专门安排人手收集整理调查人员的相关信息，形成管理规范的调查人员档案库并及时丰富完善，同时与调查人员保持密切联系，对具有发展潜力的予以重点培养，使之成为可靠的后备人才。

（五）师友推荐

在特定的调查项目中，朋友推荐是一种能够方便快捷地获取优秀调查人员的较好形式。此方法的优势在于，其能使项目组快速准确地找到目标人群，减少宣传时间及成本；劣势在于，其需要项目组花费时间认真核实被推荐者是否真正契合需求，且推荐者的奖励需要纳入成本予以考虑。

二、筛选

精准的人员筛选有助于面试的高效进行。通过初期筛选，项目组能挑选出一批较为合适的调查人员进入面试，这既保证了进入面试环节的备选人员满足基本条件，又减轻了面试阶段的工作压力。筛选的前提是项目组须对用人需求有清晰明确的认识，如学历、专业背景、招聘数量等。在筛选过程中，项目组须始终保持客观中立的态度，坚持公平、公正、公开、透明的原则，以确保所选调查人员合格、可靠。进入面试环节的备选人员应当满足如下基本条件：

（一）拥有强烈的参与意愿

在调查执行工作开展期间，调查人员会面临诸多困难与挑战，特别是在入户的过程中，极有可能遇到调查对象拒绝接受访问的情况。在不确定性增大、难预料因素增多时，调查人员只有具备强烈的参与意愿，才能在调查执行过程中迎难而上、积极应对，不断尝试同调查对象沟通，最终取得良好的调查执行效果。

（二）拥有高度的责任感

高度的责任感是做好每项工作的基础，它要求人们认真对待工作、尽职尽责。因此，一名合格的调查人员应当具备高度的责任感。

（三）拥有吃苦耐劳的精神

在调查执行工作开展期间，任务重、时间紧。调查人员不仅需要对流程的规范性、数据的可靠性负责，还需要妥善处理与组内同伴、调查对象、社区工作人员的关系，难免早出晚归、劳心劳力。这就需要每一位调查人员具备吃苦耐劳的精神，能适时放松疲惫的身心，及时调整自身的工作状态，以饱满的热情迎接新的一天。

（四）拥有严谨的工作态度

由于调查执行工作极为重要且复杂，因此严谨的工作态度就成为调查人员必不可少的素质。这就要求调查人员注重细节，严格按照相关制度、规定、流程办事，不能敷衍对待，要做到精益求精。

（五）拥有良好的心理素质

在调查执行工作开展期间，调查人员可能会遇到多重阻碍，如在对外沟通协调方面进展不顺、在工作方式方法上与队友意见相左，因此需要具备良好的心理素质，能够较快地适应新环境和新情况，在面对变化时保持冷静或及时调控情绪，从而保质保量地完成任务。

三、面试

面试指在筛选的基础上，在特定的时间和地点，按照预先设定的目标和程序，与备选人员面谈、沟通，从而寻找需求匹配、数量足够的调查人才，以用于当前调查项目推进和未来调查项目储备。面试的目的不在于淘汰，而在于选拔，即挑选出与项目需求更加匹配、自身条件更加适合、参加意愿更加强烈的人员。项目需求不同，选拔标准也不一样，但总体要求是适合。为各个项目挑选出适合的调查人员是面试的最终目标。与宣传类似，面试也可以分为线上面试和线下面试。

（一）线上面试

线上面试主要通过视频进行，其能够极大地节省面试官和应聘者的时间，降低双方的试错成本。但是，由于线上面试存在一定的缺陷，如短短几分钟的交流使得面试官难以掌握足够的信息、应聘者之间的差异不能完全体现，因此如果项目对调查人员的综合素质有较高要求，那么面试官应严格控制线上面试的录取比例，适当录用表现较为突出的应聘者。如果项目对调查人员的综合素质无较高要求，那么面试官可适当增加线上面试的录取比例，甚至可以全部采用线上面试方式。

（二）线下面试

线下面试可采用笔试、面试相结合的方式。线下面试有助于面试官更加直观、深入地了解应聘者，从而准确地挑选出合适的调查人员。线下面试的缺点在于，其要求项目组提前配备充足的面试官、预留合适的时间和场地。值得注意的是，面试官需要宏观把握整个面试过程，并依据项目需求和人员流动情况改变面试方式、调整人员数量，并及时通知应聘者。

四、录用

录用指经过筛选、面试等程序后，项目组决定给予应聘者工作机会的行为。这是双方就意向职位、薪资待遇、工作地点等关键信息达成一致意见后，双向选择的结果。录用仅代表一个环节的结束，并不意味着整个调查人员招募工作的结束。这是因为，如果在后期的项目培训、调查执行过程中，调查人员因主观或客观原因而中断参与，那么项目组还需要继续招募，以便及时补充人手。

在现代科学技术飞速发展的背景下，调查人员招募工作的电子化程度越来越高。中国家庭金融调查人员招募系统不仅保证了流程的规范性与标准化，提升了工作效率，还增强了数据保存、管理及查询的便捷性。

第二节　调查人员培训

高质量的大型社会抽样调查需要高素质的数据收集者，即调查人员，而高素质的数据收集者需要经过一系列的专业培训及严格考核。

一、培训流程

总体来讲，培训流程可以分为前期准备、中期准备及培训期间的管理三部分内容。在前期准备过程中，需要完成的工作包括教材编写、修订及印刷，课程设计，教学方法的确定等；在中期准备过程中，需要完成的工作包括授课资料整理、授课人员聘请、课程编排及试讲等；培训期间的管理则主要包括班级管理、培训考核、后勤服务、紧急情况的处理及队伍派出等。需要特别注意的是，培训期间的管理难度非常大，具体体现在需要管理的人员数量较大，需要处理的事务较为庞杂，不确定因素很多，各环节紧密相连、环环相扣，某个环节出了问题，将直接影响其他环节的正常运行，进而影响调查执行工作全局，因此项目组需要提前制订周密的计划，并准备多种预案。

例如，在班级管理方面，由于大型社会抽样调查项目的培训内容较多、课程安排紧密、学员数量庞大，因此项目组若要使培训工作井然有序，就必须建立起一套完善的班级管理体系，既能保障培训工作有条不紊，又能节约管理成本。可行的做法如下：首先，将调查人员平均分入不同的班级；其次，要求每个班级内部推选出班长、助教和小组长等管理人员，并将相关班级管理工作合理分配给他们；最后，引入评优等奖励、激励措施，以调动所有管理人员、参训学员的工作积极性，激发班级内生活力，从而起到增强培训效果的作用。

又如，在培训考核方面，许多细节问题，如考试安排、成绩统计、评价反馈、是否排名等，都需要提前规划、认真考虑。在大型社会抽样调查项目中，无论是从时间角度看，还是从效率角度看，传统的考核方式都很难满足培训需求，因此项目组可以采取一些现代化的考核手段，如借助专业考评软件，实时统计考核成绩与排名并及时反馈给学员，同时可以利用智能监考系统，以防止作弊行为的出现。这样不仅可以节约培训考核的时间成本，还能实现对参训学员的精准考评，从而达到事半功倍的效果。

二、培训目标

调查人员作为调查数据的收集者，对其培训的效果将极大地影响调查数据的质量。这是因为，数据的真实性和准确度与调查人员的综合素质密切相关。根据调查项目需求的不同，培训目标可以分为短期培训目标和长期培训目标。

短期培训以满足当前调查项目的实际需要为指导，旨在用较短的时间将一位零基础的参与者培养成一名基本合格的调查人员，如通过有针对性的知识讲解与技能传授，使其具备参加特定的调查项目的能力；长期培训则以组织及个人的未来发展为目标，以人力资源储备及人才培养为指导，通过系统的训练，激发调查人员的潜力，使其成长为理论知识扎实、专业技能突出、工作态度严谨、实践经验丰富、涉猎领域广泛的复合型人才。在实际操作过程中，短期培训与长期培训是相辅相成的。不管是短期培训还是长期培训，它们都是调查人员培训工作的重要组成部分。从某个角度讲，短期培训是长期培训目标得以实现的必经阶段。

调查小组由若干调查人员及 1~2 位督导组成，督导是调查小组的主要管理者。从组织调查人员在出发前接受培训，到带领调查小组前往目的地开展调查执行工作，再到整支队伍平安返回并完成工作交接，督导的工作贯穿始终。在调查执行过程中，督导需要对岗位职责、角色定位、能力要求有清晰的认识，如应当掌握过硬的业务本领，具备较强的团队领导能力、组织管理能力、沟通协调能力和临场应变能力，充分了解大型社会抽样调查项目有关情况，熟悉调查执行工作流程及电子系统操作方式。

（一）明晰岗位职责

在大型社会抽样调查项目执行过程中，督导需要带领绘图人员或调查执行人员前往目的地，并完成绘图或调查执行任务，是整个团队的核心，对整个团队的工作质量及工作效率负责。具体而言，督导需要履行以下岗位职责：

1. 联络

调查执行工作一般会在陌生的城市或农村地区进行。在这个过程中，督导如果能争取当地政府部门、高校或其他权威机构的支持，那么将在一定程度上减少困难与阻碍。例如，团队在当地居委会工作人员的介绍下开展绘图或访问工作，能有效赢得社区居民的信任和支持。需要说明的是，到达目的地后，督导应当与项目组随时保持联系与沟通，及时汇报工作进展，尤其是在遇到问题时，能够自行解决的绝不拖延，不能自行解决的要主动上报，以寻求更高层次、更大范围的协调与配合。如果项目组会在某个地区持续、阶段性地开展相关工作，如推进季度或年度追踪调查，那么督导就需要与该地区有关机构或部门的联络人员建立良好的合作关系，以便为今后顺利高效地完成相关工作做好铺垫、打好前站。

2. 指导

督导是调查执行工作中的中流砥柱，因此必须掌握娴熟的绘图及访问技能，并能够熟练运用绘图及访问系统。调查人员虽然都经过了严格系统的培训，但在具体实践中仍然会遇到诸多问题，如复杂社区难以绘制、调查对象无法沟通、技术难题不能解决等，此时督导需要充分发挥自身的主观能动性，协调多方力量，指导他们完成工作。例如，当调查人员在入户时遭遇疾言厉色或被严词拒绝，督导应当针对不同的拒访原因制订不同的解决方案，从而协助团队顺利推进相关工作。

3. 监督

质量是大型社会抽样调查项目的生命线。这是因为所绘地图的质量将直接影响调查人员能否顺利找到调查对象，抽样质量则决定着抽中样本是否具有代表性，而数据质量决定着研究结果能否体现调查总体的真实特质。因此，无论是对绘图而言，还是对访问来讲，它们都需要督导的监督与核查，这意味着保证质量是督导的重要任务之一。

在绘图工作中，督导需要随时检查绘图人员绘制的抽样地图是否清晰规范、真实准确。在完成抽样登记后，督导还需要核实是否存在样本遗漏、重复或无法找到等情况。

在调查执行工作中，虽然访问系统能向后台实时传送调查人员收集的数据，并对访问过程进行监督，但督导仍然需要认真履行质量守护职责，如随时检查制度执行是否落实、访问流程是否规范，现场核实问答情况、录入信息是否异常并及时纠正错误。此外，督导可以在每天的工作结束后，通过召开简短的会议或查阅组员的工作日志等方式总结经验、汲取教训，以便保质保量地完成任务。

4. 管理

督导是大型社会抽样调查项目中的桥梁和纽带，向上要与项目组保持密切联系，及时向其汇报行程、进展及突发状况；向下应为组员做好后勤保障工作，不仅要明确目标任务、制订分工计划、做好行程安排、贯彻落实相关要求，还要为组员提供安全舒适的工作环境、营造轻松融洽的工作氛围，以推动相关工作顺利进行。例如，抽中社区可能因面积大、建筑物分布复杂而使绘图人员长时间高强度、超负荷工作，导致其感觉身心疲惫，进而影响其工作积极性。对此，督导可以通过优化工作机制、合理分配资源、寻求外部支持、适当给予假期等方式来激励组员，从而使团队保持强大的向心力和高昂的士气。

（二）聚焦能力培养

要带领一支队伍顺利完成绘图任务或调查执行工作，督导需要具备突出的团队领导能力、组织管理能力、沟通协调能力和临场应变能力。

1. 团队领导能力

在绘图或访问工作中，督导应当具备卓越的团队领导能力，包括较强的学习力、前瞻力、决策力、教导力、执行力、感召力等，能够科学统筹全局、充分激励士气、有效应对挑战、妥善解决问题，从而充分激发组员的潜能，提升团队的凝聚力和整体执行效率。

2. 组织管理能力

在绘图或访问工作中，督导应具备较强的组织管理能力，能够建立并完善上下贯通、高效有力的执行体系，合理安排整个团队的每日重点任务，优化配置人力、物力、财力等资源，有效做好风险管理、制度执行、任务分解等工作。只有这样，督导才能确保团队在目标一致的基础上，精诚协作，共同推进调查执行工作顺利开展。

3. 沟通协调能力

在绘图或访问工作中，督导应具备较强的沟通协调能力，不仅需要与抽中社区所在地的有关联络单位的工作人员进行沟通，通过建立互信合作的关系为项目顺利开展铺平道路或扫清障碍，还需要与组员及项目组畅通联系渠道，以便及时发现并解决问题。

4. 临场应变能力

在绘图或访问工作中，督导还应具备较强的临场应变能力。临场应变能力对大型社会抽样调查项目的开展尤为重要。无论计划多么周全，调查执行工作都不可能完全按照预想推进。在面对突发情况时，督导需要具备活跃的思维和开阔的视野，能够在压力下保持沉着冷静并迅速采取正确的应对措施，从而减少损失，保证调查执行工作不受影响。

（三）注重技能提升

1. 充分了解项目

督导只有充分了解大型社会抽样调查项目，才能在社区工作人员、受访对象产生疑问时，做出条理清晰、准确恰当的回答，才能使他人认识到该项目的重要性，从而取得他们的支持与配合。

2. 掌握操作流程

督导只有全面掌握大型社会抽样调查项目的操作流程，具备突出的绘图、识图及访问能力，才能有效地指导组员完成实地绘图抽样工作或调查执行工作。

3. 熟悉调查系统

督导应当对大型社会抽样调查项目的相关电子系统了如指掌，能够相当熟练地操作绘图采样系统或访问系统，只有这样，才能在组员遇到系统使用方面的问题时，帮助其快速有效解决。

4. 强化责任担当

强化责任担当是做好各项工作的前提和有力保障。督导应当对自身肩负的责任有清醒的认识，并在严格要求自己的基础上，监督组员遵守职业道德规范，恪守保密原则。

三、培训课程

培训课程的设置可以依据 M-KASH 法则进行。M-KASH 法则是市场营销培训中常用的一种模型，具体包括五个方面的内容：工作动机（motive）、专业知识（knowledge）、工作态度（attitude）、工作技巧（skill）、工作习惯（habit）。

（一）工作动机

工作动机指行为的意愿。强烈的工作动机对调查人员具有促进作用，能使其勇于面对困难和挑战，不断激励并超越自我。激发调查人员强烈的工作动机，是培训工作的首要任务。调查人员只有在主观上具有积极参加大型社会抽样调查项目的意愿，才能在这个过程中不断促进自身成长和进步。

调查人员不仅肩负着调研任务，还承担着联络沟通、奋力推进的责任，是大型

101

社会抽样调查项目中最坚实的根基、最深厚的力量。因此，在调查人员的选择上，除了考虑其综合素质和实际能力外，还应充分了解其参与意愿和工作动机，以避免其在后续工作完成过程中，因遭遇挫折或阻碍而心生退意，甚至临阵脱逃。项目组可以在培训课程中加入调查背景、调查意义等内容，促进参训学员加深对项目价值的认识和理解，从而增强参与意愿。

（二）专业知识

专业知识指一定范围内相对稳定的系统化的知识，通常涉及特定领域的理论知识和实践知识。随着社会调查的分工越来越细，社会调查的专业化程度也越来越高，社会调查对调查人员的要求也在不断提高，可以说，调查人员具备的专业知识和综合素质决定了访问数据的质量。调查人员应当掌握哲学社会科学、时事政治、法律法规等领域的专业知识，尤其是社会学、心理学、经济学等方面的学科知识。项目组可以在培训课程中加入这部分内容，有针对性地予以讲解，从而提升调查人员的工作技能。

在中国家庭金融调查项目中，大到专业知识体系，小到每个模块、每道题目、每个答案，都需要调查人员认真学习并入脑入心。涉及的业务知识包括问卷、如何找到受访户、系统操作、财务知识、样本追踪及更换、质量控制等。对于这部分内容，项目组会根据问卷使用流程来讲解，从而使授课内容、听课内容都尽显逻辑性、连贯性。同时，项目组会在培训过程中加入案例，并深刻剖析常见问题，从而使调查人员对调查执行工作形成更加直观的认识。

（三）工作态度

工作态度指调查人员对访问等工作的评价与行为倾向，包括认真程度、责任感、努力程度等。它是调查人员表达个人情感的重要方式，受个体认识和经验的影响。从宏观层面讲，在大型社会抽样调查项目中，困难和挑战无处不在，调查人员只有保持积极向上、严谨求实、吃苦耐劳的工作态度才能勇往直前，不断突破自我。从微观层面讲，大型社会抽样调查的对象是社会的最小单元，如家庭、个人等，因此调查人员的工作态度将直接影响受访者的配合程度。热情专注、精益求精的工作态度能让受访者感受到调查人员的真诚、专业，从而让调查人员赢得理解和信任，最终收获高质量的调查数据。为了培养调查人员务实、积极的工作态度，在中国家庭金融调查项目中，项目组设置了相关的培训课程，包括项目执行流程，问卷访问规范，督导与调查人员的职责、心理建设、团队建设等。

（四）工作技巧

工作技巧指访问中的方法和技能，其在大型社会抽样调查项目中不可或缺。它可以帮助调查人员提高工作效率、增强竞争力，从而更好地完成任务。工作技巧不仅包括在特定领域内通过学习和实践获得的、能够解决实际问题的硬技能，还包括沟通、协作、时间管理等方面的软技能。

绝大多数社会调查以人为访问对象，而人与人之间的交流是一项充满技巧的工作。特别是在拜访陌生受访者时，调查人员要想在短时间内获取对方的信任，并引导其如实回答相关问题，就必须掌握丰富的工作技巧。调查人员如果不能灵活运用工作技巧，就可能在调查执行过程中出现各种失误，影响访问的顺利进行，甚至可能错失接触受访户的机会。与提升工作技巧相关的培训课程包括：联络与沟通受访户、联络与沟通非受访户、介绍问卷访问规范与技巧、模拟入户情景等。工作技巧作为多年实践经验的总结，对调查人员开展实地访问具有一定的借鉴意义。调查人员应当将理论与实践相结合，在情景模拟和实战演练中深刻体会工作技巧带来的便捷与高效。

（五）工作习惯

良好的工作习惯包括但不限于准时到岗、主动沟通、注重细节，能够产生事半功倍的效果。调查人员作为实地访问的执行者，其行动相对自由。因此，对项目组而言，只有在培训期间高度重视并引导调查人员形成良好的工作习惯，才能统揽全局、运筹帷幄；对调查人员而言，只有养成了良好的工作习惯，才能减少失误，提高工作效率，确保精力充沛，并在关键时刻获得指导和支持。需要说明的是，对大型社会抽样调查而言，项目组应在课程培训中明确要求调查人员不断强化时间观念、安全意识和情绪管理能力。在有众多大学生参与的社会调查项目中，项目组尤其需要强调树立时间观念的重要性，这有利于督促他们严格按照时间节点安排和推进工作；强化安全意识则意味着项目组要提醒调查人员遵纪守法、保持警惕，确保个人生命财产安全及数据安全；强化情绪管理则意味着项目组需要提前帮助调查人员做好心理建设，指导其认识情绪发展的规律和周期，并传授有效的情绪管理方法、简单易行的提升抗压能力的技巧等。有助于调查人员形成良好工作习惯的培训课程包括心理调适、户外安全常识与急救等。

四、授课人员

授课人员的配备情况将直接影响培训的最终效果。在选择授课人员时，项目组应当注意以下几点：

（一）班级授课人员固定化

班级授课人员固定化指每个班级的授课老师应当相对固定。这种方式有助于授课人员敏锐地察觉到学员的情绪变化，并在他们遇到挫折时及时给予关心和支持，帮助他们重拾信心，进而有利于同学员建立长期的融洽关系，并能在一定程度上节约双方的沟通成本。

（二）技巧传授人员多元化

工作技巧来源于实地访问经验，因此项目组可以尝试聘请经验丰富的调查人员讲解理论知识，并进行情景模拟。

（三）问卷培训人员全能化

在当今的教育领域，"全能型教师"这一概念日益受到人们的关注。他们不仅具备扎实的学科知识，还拥有出色的教育教学能力，能够在各种情境下灵活应对，为学生提供全方位的支持和指导。在大型社会抽样调查项目中，问卷培训会涉及许多专业知识，因此讲解这部分内容的授课教师最好由问卷设计者或熟悉问卷内容的人员来担任。问卷培训人员除了拥有丰富的知识储备外，还应具备以下特点：一是能够运用多样化的教学方法。在问卷内容较多、学员规模较大的情况下，问卷培训人员可以考虑采用视频授课的方式，引导学员积极参与互动。二是能够扮演好启发者的角色。问卷培训人员不能将答案直接告诉学员，而应通过巧妙提问来激发其创造力；同时，应深入分析问卷使用案例，帮助学员揣摩每道题目的问答技巧。

五、练习与考核

为了筛选合格的学员，项目组需要在培训课程中设置练习与考核环节。

（一）练习

在调查人员培训期间，课堂练习及课后复习均至关重要。以中国家庭金融调查为例，项目组专门搭建了一套完善的培训考核系统。该系统涵盖调查人员所需掌握的专业知识，并融入大量案例与习题，供学员根据自身需求灵活调用。课堂上，学员在授课人员的引导下，阅读培训资料、观看操作视频，并完成随堂练习，从而充分掌握培训内容；课后，学员可随时利用该系统进行练习，查缺补漏，进一步加深对知识的理解与记忆。

（二）考核

在调查人员培训期间，为强化培训效果，可引入考核淘汰机制。这不仅能促使学员更加重视培训过程，而且能使培训流程更加规范。在确定考核标准、考核模式及淘汰流程时，项目组需要充分考虑不同社会调查的具体需求及对调查人员的能力要求。例如，在以工作组为最小团队的社会调查项目中，调查人员即使通过了专业知识与业务技能方面的考核，但未通过团队协作方面的考核，也会被淘汰。又如，在以沟通交流为主要形式的社会调查项目中，调查人员即使通过了专业知识与业务技能的考核，但未通过人际沟通协调方面的考核，也会被淘汰。

基于这种灵活而严谨的考核淘汰机制，中国家庭金融调查的培训考核系统能将调查人员的工作态度、工作能力与项目需求精准匹配，从而保障大型社会抽样调查高质量完成。

第三节　联络及协调

大型社会抽样调查是一项系统性工程，其涉及的对象极为广泛，涵盖政府部门、社会机构、家庭及个人等多个层面。调查内容根据研究主题与研究目的的不同，可能包含受访者的家庭收支情况、医疗健康状况、受教育程度等方面。在当今社会，普通大众日益重视个人隐私保护，因此协调各方力量、消除阻力、赢得调查对象的信任与支持，进而顺利完成访问，成为项目组开展联络及协调工作的核心要义。

联络及协调工作关乎调查机构的形象与业务拓展，取决于调查机构的对外沟通能力。负责联络及协调的工作人员作为调查机构的代表，通过与各方进行磋商与谈判，积极争取支持与协助。联络及协调工作始于项目启动之初，贯穿整个调查执行过程，并在项目收官后持续而深远地影响双方的合作关系。可见，联络及协调工作在调查前、调查中及调查后都极为重要，能为大型社会抽样调查的顺利推进提供关键助力。

联络及协调工作可分层级、按阶段推进。首先，在社会调查的前期准备阶段，项目组可与样本所在地的高校进行沟通。一方面，借助高校的人才、区位优势，调动广大学生的参与积极性，就地招募高素质的调查人员；另一方面，邀请学术界专家召开学术调查会议，吸引媒体和社会的关注，提升项目的知名度与影响力。其次，在社会调查的中期执行阶段，项目组可向样本所在地的基层单位发送正式函件，如开具介绍信，为实地访问争取更广泛、更有力的支持。

在实际工作中，项目组需要充分考虑多方面的因素，如调查性质、问卷内容及调查对象的身份等，在此基础上选择合适的联络及协调方式，如公文往来、会议商谈、邮件或电话沟通等。总之，联络及协调工作的最终目标是有效整合各方资源，及时化解潜在阻力，为社会调查的顺利开展创造有利条件。

第四节 派出管理

调查人员完成培训后，将被派往全国各地开展工作。与室内集中培训的环境不同，调查人员在实地访问过程中处于相对自主的状态。访问环境不同、受访户各异，这些因素可能导致访问结果出现不一致的情况。因此，能否在灵活处理各类问题的同时，最大限度地确保调查执行流程标准化，进而减小数据偏差，是衡量派出管理工作是否成功的关键。

派出管理工作繁杂且琐碎，项目组只有考虑周全、准备充分，才能确保相关工作井然有序，也才能为社会调查的顺利开展奠定坚实基础。派出管理工作涉及的主要环节包括调查人员的分组及管理、访问团队的组建及分工、任务分析与行程安排、物资发放。

一、调查人员的分组及管理

总体来讲，调查人员的分组原则如下：根据所处地区、性别比例、年龄结构等因素进行合理分配。在具体操作中，需要注意以下几个方面的内容：第一，根据调查人员的地域、籍贯、方言及样本量预估派出队伍数量，充分考虑调查人员的方言优势，将其分配至方言熟悉的地区。第二，在不同的派出队伍中，以男女比例1∶1为理想状态。如果该条件难以满足，那么项目组可根据任务难度和实际情况作适当调整，并保证每支队伍或每个小组至少有2名男性。第三，确保年龄结构科学合理。督导的年龄应大于组员，这是因为年龄较大的督导通常在阅历、经验、心理成熟度和应对复杂情况方面更具优势，也更容易在团队中树立权威，赢得组员的信任和尊重。此外，若组员年龄偏小，则建议将其分配至访问难度较低的地区。

纪律意识的培养是对调查人员进行有效管理的基础。学员能否成为合格的调查人员、组建的调查小组能否成为具有战斗力的队伍，这些都依赖于科学的派出管理。

对此，在培训期间，项目组需要做好迟到、早退、旷课的统计工作，严格管理课堂纪律，做好相应记录，并将其作为重要的考核依据。

二、访问团队的组建及分工

在实地访问过程中，任务的顺利完成绝不可能仅靠某个人的努力，而需要整个团队充分发挥力量。因此，组建一支具有向心力、凝聚力的团队，成为派出管理中的重要工作之一。良好的团队建设效果与合理的团队成员数量密切相关。在调查人员分组完成后，各调查小组即可在组内督导的指导下开展团队建设工作。在培训期间，督导需要完成以下事项：

（一）及时建立组员交流渠道

督导在获取自身所在调查小组的成员名单后，应当立即搭建交流平台，以便组员之间进行日常沟通与联系。例如，创建临时 QQ 群或微信群，用于发布事务性通知，讨论所学专业知识中的疑点、难点。

（二）充分了解组员

要想打造一支优秀的团队并营造良好的工作氛围，督导就必须深入了解组员的心理状态和性格特点。只有这样，才能在后续工作中根据组员特质合理分配任务，从而提高管理效率。在培训期间，督导可以利用课间或课后时间与组员沟通交流，也可适时组织团建，如聚餐、玩游戏等，促进组员增进对彼此的了解，为确保团队气氛融洽、促进调查执行工作顺利开展奠定良好的情感基础。

（三）合理安排分工

在实地访问过程中，团队不仅需要完成调查任务，还需要承担大量事务性工作。例如，调查执行涉及食、住、行等方面，因此财务核算不可或缺。为规范财务管理，每个调查小组应当配备会计和出纳各 1 人，且两人的权责必须完全分离。同时，鉴于票据数量众多，督导可安排专人对此进行合规管理。由于事务繁杂且工作量大，督导可以在出发前根据组员各自擅长的领域，将这些事务性工作科学合理地分配出去，引导组员共同参与。这不仅能提升组员的管理能力，还能增强其对团队的认同感和归属感。具体而言，调查执行期间的事务性工作主要包括：访问支持，如任务分配、质量控制、工作汇报、情况反馈；财务管理，如每日财务开支记录；资料整理、收集、保管与发放；生活保障，如食宿安排、出行规划等。

三、任务分析与行程安排

任务分配的总原则是难易结合。通常来讲，任务多的样本点，其访问难度较大；而任务少的样本点，其访问难度较小。城镇地区的访问难度高于农村地区。因此，在分配任务时，项目组应将农村样本点与城市样本点相结合，将任务多的样本点与任务少的样本点相结合，以平衡各调查小组的访问难度。这样，一方面能确保各调查小组的工作进度大体一致；另一方面有助于调节调查人员的情绪，营造轻松愉快的氛围。在接受任务后，督导就需要根据自身所在调查小组的实际情况，科学做好任务分析、合理规划行程安排。

（一）任务分析

任务分析包括分析样本点基本情况、预估工作量与难度、了解样本点风土人情三个方面的内容。

1. 分析样本点基本情况

各调查小组在明确需要完成的任务后，应当首先通过地图，如百度地图、高德地图等了解样本点的具体位置，然后规划出最优出行路线，以节省出行时间，提高工作效率。例如，若样本点分布在多个区（县），那么督导可根据各样本点到出发地的车程距离，规划由近至远或由远至近的总体出行路线。

2. 预估工作量与难度

督导可根据分配任务中村委会、居委会的比例，样本所在地区，样本点方言情况，初步评估各样本点的访问难度及团队的整体工作量。

在绘图工作中，城市社区的规整性通常因区域、规模和新旧程度的不同而有所差异：北方社区一般比南方社区规整，大城市社区一般比小城市社区规整，新修社区一般比老旧社区规整。规整社区的绘图难度相对较小。因此，督导可提前通过互联网查询各样本点的具体情况，进而评估绘图难度并预估总体出行时间。

在访问工作中，不同地区受访者的配合度存在差异：农村地区的受访者一般比城市地区的受访者配合度高，低收入地区的受访者比高收入地区的受访者配合度高。配合度高的地区的访问难度相对较小。因此，督导应提前评估调查小组的工作量，并结合不同样本点的访问难度，合理制订任务推进计划表，做到难易结合，避免组员过度劳累。

3. 了解样本点风土人情

督导可以通过查询互联网或向熟悉当地情况的同学、朋友咨询，提前了解样本点的风土人情，包括自然环境、风俗习惯、饮食文化、生活方式、社会风貌等，并掌握调查执行期间的天气、温度等情况，这不仅能帮助组员更好地适应当地环境，还能提高工作效率、避免误解和冲突。

（二）行程安排

1. 交通出行

交通出行分为长途交通出行和短途交通出行两类。对于长途交通出行，各调查小组应在完成出行路线规划后及时购买车票，避免因票源紧张而耽误行程。购票时，应严格按照项目组的报销标准，选择合适的出行方式。对于短途交通出行，各调查小组需要提前了解目的地的交通情况和乘车方式，如火车站、汽车站、所住酒店至调查社区的乘车路线等。

2. 食宿计划

食宿计划包括车程食品准备和目的地食宿安排。对于车程食品准备，各调查小组应根据长途交通出行时间合理采购所需食物，确保既不浪费，又能满足路途需求。对于目的地食宿安排，各调查小组可根据样本点周边的实际情况灵活选择：第一，若目的地位于城镇地区，则可借助地图工具查询样本点附近的酒店，并综合考虑距离、任务量、住宿价格及公共交通等因素，优先选择性价比最高的进行预订；第二，若目的地位于农村地区，则可根据当地人的推荐选择合适的住宿地点。在居住地点确定后，督导需要进一步了解周边餐馆的分布情况。特别是在物价较高的地区，可考虑通过团购的方式购买能随时退订的套餐，以有效节省开支。

四、物资发放

物资的高效、有序发放离不开前期的充分准备。项目组必须合理安排物资发放时间，确保流程顺畅，避免混乱。项目组可以将物资分为工具类和文件资料类，并将其分别交由专人进行管理，以便有效提升发放效率。此外，在物资发放过程中，相关人员需要妥善保存签收底单，并在发放结束后及时清点剩余物资，以便向项目组汇报。通常情况下，物资发放并非难事。然而，在大型社会抽样调查项目中，由于参与人员众多，因此相关人员需要借助特定的方法与技巧，以避免多发、漏发、错发等问题。例如，项目组可提前准备好各类物资、发放标准及登记表单，以调查小组为单位进行发放，再由各调查小组的督导在组内进行合理分配。

第五节　调查执行管理

一、团队发展周期与个体情绪发展周期

（一）团队发展周期

著名心理学家塔克曼（Tuckman）提出的团队发展阶段模型可以用来辨识影响团队构建与团队发展的关键性因素，并对团队的发展给予解释。团队发展的五个阶段是组建期（forming）、激荡期（storming）、规范期（norming）、执行期（performing）和休整期（adjourning）。根据塔克曼的观点，以上五个阶段都是必需的，且不可逾越。团队在成长发展、迎接挑战、处理问题、制订方案、作出规划、处置结果等的过程中必然要经历这五个阶段。根据塔克曼的相关研究，以及大型社会抽样调查项目中访问队伍派出后的时间安排，我们将调查执行团队的发展周期分为形成期、激荡期、规范期与执行期、休整期四个阶段。

1. 形成期

形成期通常出现在队伍派出后的前 3 天。在此阶段，组员可能对新环境感到陌生，缺乏安全感，容易产生焦虑、不安等负面情绪。他们往往对即将开始的调查执行生活既充满期待，又心存忧虑，因此会习惯性地进行自我保护，并有意识地避免与他人产生矛盾与冲突。这一阶段的常见问题是交往、沟通不够顺畅。

2. 激荡期

在队伍派出后的第 4~12 天，团队逐渐进入激荡期。此时组员虽已认可团队的存在，但矛盾与分歧开始显现。部分组员对团队规章制度的抵触情绪逐渐增强，尤其是在调查执行进展不顺时，团队内部可能出现组员质疑甚至否定督导领导能力的情况。这可能导致负面情绪蔓延，进而影响工作氛围与调查执行效率。

3. 规范期与执行期

在队伍派出后的第 13~22 天,团队进入规范期与执行期。此时,团队逐渐稳定并表现出较强的凝聚力,组员开始以团队整体目标的实现为行动导向,在通力合作的基础上明确分工安排及角色定位,并能在个人利益与团队利益发生冲突时,主动放弃个人利益,优先保障团队任务的完成。同时,组内友谊开始萌生并逐渐深厚。在这一阶段,调查人员大多能保持稳定的情绪,并学会了更好地表达自我。

4. 休整期

经过一段时间的共同努力,任务即将圆满完成,团队随之进入休整期。面对即将到来的分离,组员往往会感到失落与不舍。针对这种情况,督导可以通过组织心得分享会等活动,帮助组员重新回归日常生活。

(二) 个体情绪发展周期

根据中国家庭金融调查与研究中心的研究结果,调查人员的情绪发展呈现出一定的规律性,这与团队发展类似。总体来讲,个体情绪发展周期包括兴奋期、低沉期和稳定期三个阶段。因此,在调查执行期间,督导可以根据调查人员的情绪状态及时调整工作安排。

1. 兴奋期

从即将出发到抵达目的地之初,调查人员处于兴奋期。他们对调查执行工作充满热情,对实地访问充满好奇,对其他组员表现出较高的包容度,对挑战自我充满信心。此外,结识新朋友、建立新友谊也让他们备感兴奋。在这一阶段,督导应以引导为主,时刻提醒组员将安全放在首位,同时组织他们复习和巩固调查执行、数据质量、财务报销等方面的专业知识,确保大家严格按照规章制度办事。

2. 低沉期

低沉期通常出现在调查人员经历了一段时间的实地访问后。由于在调查执行过程中难免遭遇诸多困难,因此调查人员容易产生心理落差,出现工作受挫、心情沮丧、情绪低落等情况,进而陷入自我怀疑。与此同时,他们对其他组员的宽容度会急剧下降,组内矛盾增多,冲突一触即发。此外,各调查小组因经验不足,往往会遇到各种各样的问题,这些问题的大小、性质各不相同。因此,在这个阶段,督导应给予组员有针对性的指导,帮助他们解决实际困难。对于反复出现的共性问题,除统一告知解决方案外,还应与其他调查小组进行信息共享,促使其他带队督导不断提升自主解决问题的能力。

值得注意的是,在实地访问工作中遇到的情况可能比预想的更复杂,督导在执行任务时也可能产生负面情绪。对此,项目组应及时察觉并给予心理安抚,帮助其调整心态。在情况紧急时,项目组负责同志务必亲临现场,及时解决问题,鼓舞团队士气,确保调查工作顺利推进。

3. 稳定期

随着调查执行技能的逐渐娴熟,调查人员能够更加从容地应对实地访问中遇到的挑战,逐渐减少负面情绪,从而进入情绪发展的稳定期。在这个阶段,面对组内矛盾,他们或积极主动化解,或消极被动回避,但总体来讲,冲突得以缓和。

109

此时，实地访问工作接近尾声：进展顺利的调查小组可能已经进入扫尾阶段，而进展滞后的调查小组仍在奋力推进。因此，督导需要时刻关注并记录所在团队的工作进度，强化组员的责任意识，强调稳扎稳打，避免组员因其他小组已完成任务而产生焦虑或懈怠情绪。与此同时，项目组应及时建立支援机制，鼓励已完成任务的队伍优先帮助就近的其他团队，以确保大型社会抽样调查项目能够早日保质保量地完成。需要强调的是，调查人员在返回出发地时，必须以小组为单位，统一行动。

二、业务指导与管理措施

项目组应根据团队发展周期和个体情绪发展周期中可能出现的问题，及时提供相应的业务指导或采取有效的管理措施。

（一）业务指导

一方面，项目组应指导学员认真学习专业知识。例如，在培训期间，督促学员认真学习绘图技巧或访问技能，积极提问、主动思考并总结经验；在实地访问期间，鼓励学员在遇到难题时，先通过翻阅培训手册寻找答案，若仍然无法解决，可协调授课教师或相关领域专家进行答疑。

另一方面，项目组应鼓励学员充分发挥团队智慧。例如，在实地访问期间，建议各调查小组每日召开工作总结会议，汇报问题、商讨对策、分享经验并安排新一天的工作。若时间紧张，可利用用餐时间或返回住宿地点的时间进行交流。

（二）管理措施

1. 建立激励与约束机制

建立科学高效的激励与约束机制有利于团队保持高昂的士气，这对调查执行工作的顺利开展具有十分重要的作用。这里介绍一些常见的激励与约束方法。如遇特殊情况，督导可在权责范围内灵活处理。

（1）表扬与鼓励。在每日召开的工作总结会议上，对表现突出的组员予以表扬，对进度较慢的组员给予鼓励，以此激发组员的积极性、自信心和创造力。在大型社会抽样调查项目结束后，根据组员的全程表现，评选出1~2名成绩优异者，将其先进事迹上报项目组，以便在官方网站、官方微信公众号上进行报道，并推荐其参评"优秀调查人员"荣誉称号。

（2）绩效考评。对组员完成工作的数量与质量进行全面评估，通过薪资差异激励调查人员提升工作表现，从而确保大型社会抽样调查的质量和效率。

（3）劝诫与惩罚。项目组若发现组员存在作假舞弊、扰乱团队秩序、私自参加与工作无关的娱乐活动等行为，应立即予以劝诫和制止。若组员拒不配合且态度恶劣，可就地暂停其工作，并及时上报项目组，等待进一步的处理意见。

（4）心理调适。在调查执行工作前期，组员往往热情高涨，充满斗志。然而，随着任务难度的逐步增加，部分组员可能出现情绪低落的情况。此时，督导应及时给予安慰与鼓励，适时组织轻松的娱乐活动，帮助组员缓解压力、放松身心。同时，督导应鼓励组员相互支持、相互开导，引导组员保持必胜的信心与乐观的态度，携手共克难关，稳步前行。

2. 严格落实规章制度

在调查执行工作中，规章制度的严格执行至关重要，正所谓"无规矩不成方圆"。明确的工作纪律、财务制度和休假制度，不仅能为组员提供清晰的行为指引，还能有效降低问题出现的频率。例如，部分调查小组对财务制度不熟悉，导致组员在资金使用上存在随意性：有的组员省吃俭用，而有的组员超支滥用。这种现象不仅会造成组员之间的待遇不公，还可能引发严重的道德风险，进而影响团队的凝聚力和工作效率。需要特别说明的是，对于超标准、超范围、超限额的开支，将一律不予报销；对情节特别严重的，相关责任人还将面临纪律处分。

3. 做好后勤服务保障

实地访问工作大多需要调查执行团队亲赴样本点开展，因此，为调查人员做好后勤服务保障工作是大型社会抽样调查项目取得成功的前提。下面将围绕衣着、饮食、住宿、交通四个方面作简要介绍。

（1）衣着方面。出发前，督导需提醒组员查询目的地的天气、温度情况，以便合理准备衣物。例如，夏季可以携带一件轻薄的防晒衫，既能防暑又能防止蚊虫叮咬。若因出发时间仓促而未能提前准备应季衣物，则可在抵达目的地后适当购买，以免因衣物不足而感冒。

（2）饮食方面。在调查执行工作开展期间，食品安全至关重要。夏季是肠胃炎的高发期，督导应提醒组员尽量避免食用海鲜，可以选择卫生、新鲜的肉制品，应当多吃蔬菜并及时补充水分。在部分农村地区，若样本点附近缺乏合适的餐馆，则调查人员可以提前准备面包、矿泉水等方便食品，以备不时之需。

（3）住宿方面。住宿安排应提前规划。督导可通过网络平台进行预订或请当地协作单位的联络人帮忙预订，确保住宿环境安全舒适。若入住时间较长，督导可与酒店协商包月，争取折扣和优惠。在农村地区，由于宾馆、旅店的数量较少，因此督导可向当地居民咨询、打听，考虑在样本点附近的乡镇或县城安排住宿，以便出行。

（4）交通方面。对于长途交通出行，督导需要提前规划路线并完成订票工作。在前往下一个样本点的途中，调查小组除乘坐火车外，还可能会乘坐长途大巴。由于部分地区的长途大巴发车频率较低，因此督导应提前确认发车时间和地点，避免耽误行程。对于短途交通出行，调查小组应优先选择公共交通工具。督导可提前为组员办理公交卡，以便出行。若公交车无法抵达样本点，则督导应建议组员选择正规运营的出租车，并提醒组员注意人身与财产安全。

第六节 经验总结

在访问队伍完成调查执行工作后，项目组需要做好以下三个方面的工作：队伍返程信息收集、物资交接及召开座谈会。

一、队伍返程信息收集

项目组须提前统计并汇总各调查小组计划返回的日期及人员名单，以便安排住宿、进行物资交接和召开座谈会。

二、物资交接

项目组应提前制定并发布物资交接清单，并将其上传至工作群或发送至督导邮箱。这一举措不仅有助于确保交接时物资无遗漏，还便于物资回收后的分类统计，尤其有利于文件类资料的收集与整理，从而提高物资交接效率、节省物资交接时间。

三、召开座谈会

在物资交接工作完成后，项目组应以调查小组为单位组织召开座谈会。座谈会由项目组的工作人员主持并详细记录，以非结构化的方式举行。其主要目标是收集绘图人员、调查人员在绘图工作与访问工作中形成的意见和建议，总结经验教训，为持续提升调查执行水平与项目管理能力提供有力参考。座谈会上产生的思想火花，不仅能为后续年度的追踪调查积累宝贵经验，还能为其他社会调查项目提供有益借鉴，助力项目组在未来的工作中不断优化流程、提高效率。对调查人员而言，座谈会是一个倾诉与分享的平台，能让他们畅谈实地访问工作中的困难与收获。通过分享彼此的经历，调查人员不仅能获得情感上的慰藉，还能感受到项目组的人文关怀。

第七章
调查质量管控

　　数据质量是大型社会抽样调查项目的生命线。要确保数据的高质量，我们不仅需要进行科学合理的样本抽选、严谨可靠的问卷设计，还需要针对数据采集过程制定一套严格的质量标准，并实施系统化、全流程的监测。只有这样，才能保证调查执行遵循既定程序、采集的数据达到质量要求。

　　目前，国外学术界在大规模综合性社会调查的设计、管理与质量控制方面已积累了较为丰富的经验。相比之下，国内学者虽已开始关注此类问题，但相关研究多集中于调查人员、调查对象、调查场景等外在因素对数据质量的影响，而对调查质量管控环节的整体流程、具体操作描述不足。

　　在调查质量管控方面，传统的方式主要有两类：其一，通过电话向受访者进行核实；其二，在纸质问卷的数据完成电子化录入后，开展清理与核查工作。过往的社会调查大多依赖事后检查机制，即在调查结束后，由工作人员对收集的数据进行审核。一旦发现数据存在填报不完整、计算错误或逻辑矛盾等问题，便尝试进行有效处理。尽管这种方法能够在一定程度上降低误差，但其本质上属于被动且事后的补救措施，存在明显的局限性①。

　　随着计算机、智能手机等电子设备的广泛普及，以及信息传输技术的迅猛发展，现代社会调查的方式发生了深刻变革。在此背景下，计算机辅助调查（CAI）已成为当前应用最广的调查方式。相应地，调查质量管控也必须与时俱进。我们应当构建一套贯穿调查数据采集全过程的质量管控体系，以适应现代社会调查的新趋势。该体系应以问卷和并行数据为基础，借助统计分析技术，对调查执行的各环节进行实时监督与管控，监测关键数据的异常情况，并及时纠正错误数据，从源头上确保数据质量。

　　本章将系统阐述大型社会抽样调查项目中调查质量管控的一般步骤，并指出相关注意事项，旨在为相关机构及研究人员提供具有实践指导意义的参考。

----

① 丁立宏. 试论市场调查中的质量控制 [J]. 中央财政金融学院学报，1996（11）：32-35.

第一节　调查质量管控目标

调查质量管控的核心目标在于提升大型社会抽样调查所采集数据的精准性、可靠性和有效性，同时控制非抽样误差，为调查人员提供及时且准确的指导，并对调查过程及问卷填答情况进行有效监督与管理，从而最大限度地优化调查数据的整体质量。因此，调查质量管控并非单纯审核调查人员的访问行为是否合规，而是关注调查执行的全流程，最终服务于数据质量的提升。任何偏离这一核心目标的管控行为，对大型社会抽样调查项目而言，都缺乏实际意义。总体而言，调查质量管控工作的主要目标可归纳为以下三个方面：

一、确保数据质量

通过调查质量管控，确保采集的数据真实、准确、可靠，使其能够为相关分析和研究提供有力支持。

二、构建完善的数据资源库

通过调查质量管控，收集高质量的数据，构建系统、权威的数据资源库，为开展延续性研究奠定坚实的基础，增强学术研究与政府决策的科学性与前瞻性。

三、优化调查人员的工作表现

通过调查质量管控，及时发现并纠正调查人员在理解或操作上的错误，将数据误差降至最低。同时，通过有效的指导，持续提升调查人员的专业能力，确保大型社会抽样调查高效、高质量完成。

综上所述，调查质量管控的最终目标是通过科学的管理和高效的现代技术，确保获取高质量的调查数据，为研究与决策提供坚实的数据支撑，从而推动哲学社会科学学术研究与应用研究融合发展。

第二节　调查质量管控实施

大型社会抽样调查通常具备样本覆盖范围广、样本量大、参与人员众多等特点，涉及经济（如收入、支出、消费等）、政治、文化、社会生活等多个重要领域。这些特征不仅凸显了调查本身的复杂性，也使得调查质量管控工作面临极高的难度与挑战。一般来说，调查质量管控实施涵盖以下几个方面的内容：调查质量管控工作计划的制订、调查质量管控工作人员的招募与培训、调查质量管控系统的搭建与开发、调查过程的实时质量管控，以及并行数据的分析。本章将围绕上述要点，深入剖析调查质量管控实施中各项工作的具体内容与执行标准，旨在为相关实践提供一套系统且全面的指导方案。

一、调查质量管控工作计划的制订

为确保调查质量管控的有效实施，保障数据清洗的顺利进行，保证数据质量达到预期目标，项目组必须指导质量控制小组（以下简称"质控组"）在正式开展工作前做好充分准备。

首先，质控组应对调查数据质量核查工作量有清晰的认知。这就要求其在筹备阶段与项目组进行深入沟通。例如，明确大型社会抽样调查项目的总体时间规划、质量管控要求、样本量、调查人员派出数量及派出周期、每日访问时间段等关键信息。

其次，质控组应根据大型社会抽样调查项目的性质和调查数据质量核查工作量，制订切实可行的调查质量管控方案。方案应涵盖以下要素：质量管控要求、任务量、工作周期、时间与场地安排、调查质量管控工作人员数量、质量管控系统设计需求及物资准备等。

再次，基于调查质量管控方案，质控组需要制订一份详细且科学的质量管控计划书，合理规划进度安排，明确各环节的完成时间及具体负责人，并拟定经费预算，同时完成预算申报工作。

最后，质控组应制订一套完善的应急预案，以应对调查质量管控过程中可能出现的突发情况。质控组须全程与相关环节的具体负责人保持密切沟通，及时掌握各项工作的推进情况，确保调查质量管控工作顺利实施。

二、调查质量管控工作人员的招募与培训

（一）调查质量管控工作人员的招募

在大型社会抽样调查项目中，调查质量管控工作人员（以下简称"质控人员"）的招募应根据项目实际情况进行统筹规划、合理安排。规范化、标准化的调查质量管控通常包括以下三项核心工作：

第一，实时管控调查访问流程，确保调查人员在实地访问过程中严格遵循相关规章制度，及时发现并纠正错误。

第二，实时核查回传的调查数据，确保其准确、完整，及时发现并处理异常数据。

第三，严格审核访问样本的替换与补充，确保样本的代表性和一致性，避免因替换或补充不当而影响调查数据的质量。

基于上述工作内容，质控组需要结合大型社会抽样调查项目的性质、特点及调查数据质量核查工作量，综合评估实际用人需求。一般而言，在大型社会抽样调查项目中，若要对全部样本进行质量管控，则质控人员与调查人员的比例应达到 1∶5，以确保调查质量管控工作充分、有效；若仅需对部分样本进行抽样质量管控，则可根据抽查比例适当调整质控人员与调查人员的比例。例如，抽查比例为 20%，则质控人员与调查人员的比例可调整为 1∶25。这种灵活调整质控人员配置的方式，既

能确保调查质量得到有效管控，又能合理利用人力资源，实现降本增效。

在明确工作内容及用人需求后，质控组可在调查执行工作启动前，选择适当时机开展质控人员的招募工作。这一阶段的招募可与调查人员的招募同步进行，其具体操作流程与调查人员的招募流程相似，前文已有详细介绍，本章不再赘述。需要特别指出的是，与调查执行工作相对自主的特点不同，调查质量管控工作需要质控人员保持高度专注的状态，长时间全神贯注于相对枯燥的任务。因此，在筛选过程中，质控组应重点关注应聘者的责任心、原则性和认真程度。此外，应优先考虑经验丰富、对调查项目及研究主题十分熟悉的人员，这将有助于提升质量管控工作的效率和质量。

（二）调查质量管控工作人员的培训

质控人员的培训是前期准备工作中极为重要的内容，包括理论知识培训和系统操作培训两个方面。

1. 理论知识培训

理论知识培训须达到以下效果：

第一，质控人员需要对调查主题、质量管控要求有全面且深入的了解，并对工作目标和内容有清晰的认识。

第二，质控人员应较为熟悉调查问卷，掌握一定的访问技巧，明确数据质量标准，确保在调查质量管控过程中精准把握调查要点。

第三，质控人员需精通质量评估准则，能够公正、客观地对每个样本的调查质量进行科学评估。

第四，质控人员需要熟知调查过程中样本替换或补充的相关规则，做到严格把关，确保样本的代表性和调查结果的有效性。

2. 系统操作培训

系统操作培训主要围绕计算机辅助调查（CAI）项目展开。CAI 能够实现调查数据的实时回传、监测与分析，有效减少纸张使用，省去手工录入及电子化整理等烦琐流程，显著提升社会调查的效率，减少成本，并降低人为失误的风险。鉴于 CAI 已在国内外调查机构中广泛应用，其系统操作培训已成为质控人员培训中不可或缺的组成部分。

在系统操作培训中，针对特殊情况的处理，授课人员可通过召开经验交流会或答疑会的形式为学员提供应对方案，并预留联系方式，以便质控人员在正式开展调查质量管控工作时能够及时请教。同时，项目组应高度重视质控人员的心理建设，帮助质控人员与调查人员建立顺畅的沟通协调机制，营造良好的工作氛围。

除接受培训外，在正式开展调查质量管控工作之前，学员应至少参加一次模拟调查质量管控。模拟调查质量管控可以在实地访问问卷的基础上进行，完全参照真实的调查执行流程及调查质量管控流程。在模拟过程中，授课人员可以组织学员针对每个样本进行分析、讨论，并完成质量评估与问题反馈，从而帮助他们尽快熟悉工作流程与内容。

在培训结束后，质控组应及时评估每位学员的培训效果，明确其是否具备参与调查质量管控工作的能力，以及还需要在哪些方面强化学习。同时，质控人员可以对培训工作提出建议，以完善调查质量管控培训体系。在调查质量管控工作正式开始后，质控组还需要持续考核质控人员的工作表现，及时发现问题并提供指导。

三、调查质量管控系统的搭建与开发

调查质量管控系统需要根据大型社会抽样调查的质量需求和调查方式进行有针对性的设计。本章主要围绕计算机辅助调查（CAI）项目，详细阐述如何搭建与开发调查质量管控系统。调查质量管控主要围绕以下三个方面进行：对调查过程进行实时监控、对调查数据进行审核、对样本替换或补充进行审查，因此，调查质量管控系统的搭建与开发应围绕上述三个方面展开。

（一）调查过程实时监控系统

当前，在国内多数社会调查项目中，实时监控已成为确保调查数据质量的重要手段，主要包括调查录音核查、电话回访核查、图片比较核查及调查人员行动轨迹监控等。在大型社会抽样调查项目中，一套完善的调查过程实时监控系统应整合上述功能，能够实现对调查执行过程的全方位、动态化监督，能够有效规范访问行为，确保调查数据采集的真实性与可靠性。

（二）调查数据审核系统

调查数据审核系统是确保调查数据质量的重要工具，其主要功能如下：

1. 审核数据的完整性

审核数据的完整性旨在确保所有必填项都已完整填答，从而有效防止调查数据缺失，减少不利于后续研究的影响因素。利用这一功能，质控人员能够有效识别并补充遗漏信息，从而为数据处理和分析奠定坚实基础。

2. 审核数据的合理性

审核数据的合理性指对调查数据进行逻辑检验，及时识别并筛查出异常数值，从而消除错误数据对分析研究的干扰。这一过程不仅依赖于先进的技术手段，还离不开质控人员扎实的专业知识和丰富的实践经验。在实际操作中，数据的合理性审核涉及多个关键环节。

首先，质控人员需要运用数据分析工具，识别出不符合逻辑的异常数值。例如，在年龄字段中出现负数或超出人类寿命极限的数值。又如，在收入数据中出现不符合行业平均水平的极端值。这些异常数据可能来源于调查人员的误填。

其次，质控人员需要根据专业知识对筛查出的异常数值进行深入分析。例如，在经济调查中，某些行业的利润率可能因市场环境的影响而出现波动，此时，质控人员需要结合行业背景、市场动态及历史数据，判断这些波动是否合理，并据此确定是否修正或剔除相关数据。

最后，数据的合理性审核还需要结合调查问卷的设计逻辑和调查目标进行。例如，对涉及时间序列的数据，质控人员需要检查其是否符合时间趋势；对涉及因果关系的数据，需要验证其是否符合因果逻辑。数据的合理性审核不仅要求质控人员具备较强的逻辑思维能力，还要求其对调查背景和意义有深刻的理解。

3. 测算答复率

测算答复率指对每个变量的答复情况进行持续监测，从而为调查进度和调查数据质量的评估提供量化指标。通过动态监测答复率，质控人员能够及时发现潜在问题，并采取相应措施，从而有效提升调查数据的整体质量。

综上所述，调查数据审核系统必须具备强大的数据识别、判断和计算能力，以实现自动化审核，从而提升调查数据处理效率。

（三）样本替换或补充审查系统

样本替换或补充审查系统旨在持续监控调查人员与样本的接触情况，实时掌握调查现场动态，为调查人员提供后台支持，并根据实际情况调整后期样本数据权重。该系统通常应具备以下功能：第一，样本接触记录功能，能实时记录样本的接触情况，包括成功接触、拒绝访问、无法联系等；第二，样本回收与替换功能，能对无法成功访问的样本进行回收，并根据既定规则予以替换，确保样本的代表性和完整性。

在调查质量管控系统搭建与开发阶段，质控组需要根据调查的实际需求和调查质量管控方案，相应调整样本替换规则，并明确调查质量管控系统需要具备的具体功能。同时，质控组应及时与开发人员沟通，确保调查质量管控系统的开发方向与调查目标高度一致。此外，质控组需要制订全面的系统搭建工作计划，明确各阶段（系统设计、测试、交付）的时间节点，督促开发人员按时推进，确保在大型社会抽样调查项目正式启动时，调查质量管控系统能够交付并投入使用。

调查质量管控系统的设计开发和功能实现需要满足以下条件：第一，灵动可用。调查质量管控系统应具备较强的灵活性，能够根据大型社会抽样调查的需求进行快速调整和优化。第二，简洁明了。调查质量管控系统应具备用户友好的界面，便于质控人员快速上手。第三，功能强大。调查质量管控系统应具备强大的功能，涵盖实时监控调查过程、审核调查数据、对样本替换或补充进行审查等核心模块，以满足复杂多变的调查需求。

只有确保调查质量管控系统灵活、简洁且功能强大，才能有效提升调查质量管控工作的效率，从而减少人力、物力、财力和时间的投入，最终实现节约成本与保证调查数据质量的双重目标。

四、调查过程的实时质量管控

在大型社会抽样调查项目中，调查过程的实时质量管控是调查质量管控工作的核心，其投入的人力、物力、财力在调查质量管控工作中占比最高。

（一）工作内容

调查过程的实时质量管控主要包括以下三个方面的工作内容：

1. 审核样本真实性与准确性

对已成功完成访问的样本，质控人员须及时审核样本的真实性与准确性，确保调查人员真实开展了调查执行工作，并从调查对象处获得了有效答案，杜绝数据造假或臆测作答的现象。

2. 审核样本替换或补充

在未能成功访问样本的情况下，当调查人员申请替换或补充样本时，质控人员需要认真审核替换或补充样本的条件是否满足，确保相关申请符合既定规则，严格把控样本的应答率和代表性。

3. 纠正调查人员的错误

对调查人员出现的理解或操作错误，质控人员须及时发现并进行纠正，从而提高调查数据的质量。

（二）主要目标

调查过程的实时质量管控旨在实现以下几个主要目标：

1. 确保调查过程的真实性

确保调查人员真实开展了调查执行工作，并从调查对象处获得真实、有效的答案。

2. 确保调查样本的准确性

确保调查对象与抽取样本一致，避免随意选取人员作答，确保样本的代表性。

3. 确保调查数据的正确性与可靠性

确保调查人员正确地询问问题，并按照调查对象的回答正确地填写信息，避免因理解或操作错误导致调查数据出现偏差。

4. 确保样本替换或补充的规范性

确保调查人员对样本接触情况的反馈真实、准确，确保样本替换或补充申请符合既定规则，确保样本的应答率和代表性不受影响。

五、常用核查方式

在计算机辅助调查模式下，调查过程的实时质量管控主要依托各类核查系统实施，具体采取何种核查方式则需要根据调查项目的实际情况确定。总体而言，当前，在国内外的调查项目中，常用的核查方式包括电话回访核查、图片比对核查、录音核听、数据核查、调查人员行动轨迹核查及样本替换或补充核查等。对未能成功访问而需替换的样本，质控人员还需要核查接触记录。

在制订核查方案时，质控组需要综合考量调查项目对数据质量的要求、调查项目的时间限制，以及可投入的人力、财力。基于这些因素，质控组需要确定是对所有样本进行核查，还是按比例抽取部分样本进行核查；是对所有样本综合运用上述全部核查方式进行核查，还是仅选取其中一至两种核查方式进行核查。简而言之，核查方案需在调查数据质量与调查质量管控实施成本之间寻求平衡，力争实现在确保调查数据质量的基础上，节约成本的目标。

（一）电话回访核查

电话回访核查是当前国内外调查机构中广泛采用的一种核查方式。对已成功完成访问的样本，电话回访核查主要核查以下内容：一是确认调查人员是否真实接触了调查对象，并完成既定调查任务；二是核实调查人员是否按照项目规定向调查对象支付了误工费用或提供了相应的礼品。在条件允许的情况下，质控人员可以通过电话回访核查，进一步询问问卷中涉及的客观信息，以验证访问的真实性。例如，在对某项入户社会调查的样本进行电话回访核查时，接通电话后，质控人员首先应明确表明身份并说明去电目的，然后依次询问以下三个问题："请描述本次访问您的调查人员的性别和衣着特征。""由于耽误了您的宝贵时间，我们会在调查结束后向您支付×元误工费（或提供礼品）。请问您是否已经收到？""为了进一步核实信息，请您提供家庭居住地址（或人口数量、受访者年龄等客观信息）。"

此外，对未能成功访问而需要被替换的样本，如果质控组事先取得了该样本的联系方式，则必须对其进行电话回访核查。特别是在追踪调查项目中，为提高样本的追踪成功率，质控人员须及时进行电话回访核查，了解联系电话的开通状态及调查对象的态度，判断其是否仍有接受访问的可能性，从而确定是否替换样本。例如，若调查人员因"无法联系到调查对象"而申请替换样本，则质控人员应迅速采取行动：首先，联系访问现场的督导或调查人员，了解具体情况；其次，拨打调查对象的电话进行核实。如果调查对象愿意接听电话并同意接受访问，那么质控人员应驳回调查人员的样本替换申请；反之，则应及时为调查人员替换样本，以免影响调查执行进度。

（二）图片比对核查

图片比对核查是随计算机辅助调查技术的兴起而逐渐被广泛采用的一种新型核查方式，主要用于涉及绘图采样的项目和追踪调查类项目。其核心在于通过图像比对，确保调查对象的准确性及样本的代表性。在操作流程上，图片比对核查主要包括以下几个步骤：

1. 参照图片采集

参照图片采集方式如下：一是在绘图采样阶段，绘图人员对抽取样本的外部环境，如住宅建筑物的外观进行拍摄，形成参照图片；二是在基线调查中，绘图人员拍摄基线调查对象的照片，并将其作为后续比对的标准。

2. 现场图片采集

现场图片采集方式如下：在社会调查或追踪调查的执行过程中，调查人员对样本的外部环境和调查对象再次进行拍摄。这些照片需要与参照图片在时间、角度和内容上保持一致，以便后续比对。

3. 图片回传与比对

绘图人员和调查人员分别将参照图片及现场图片上传至调查质量管控系统。质控人员对两组图片进行交叉比对，判断调查对象是否与抽取样本或基线调查对象一致。

通过图片比对核查，质控人员能够有效识别调查人员是否出现错访的情况，从而确保样本的准确性和追踪率。

（三）录音核听

录音核听是调查质量管控环节中的一种重要方式。在调查执行过程中，经调查对象明确同意后，调查人员可以利用访问系统对整个调查过程进行录音。质控人员则可在后台对这些录音进行核听。与电话回访核查、图片比对核查主要关注样本的真实性和准确性相比，录音核听侧重于判断调查数据的真实性和准确性。因此，录音核听通常采用从头至尾的核听模式。在核听过程中，质控人员需要完成以下工作：

1. 修正错误填答，初步清洗调查数据

在录音核听过程中，质控人员的任务之一是对调查执行过程中出现的错误填答进行修正，从而实现对调查数据的初步清洗。常见的错误填答类型包括：

（1）数值或文字填写错误。尤其是在数值较大时，容易出现少输入或多输入一位的情况。

（2）单位换算错误。例如，将年与月、元与万元等单位混淆。

（3）选项错选或漏选。

（4）问题理解有误。调查人员或调查对象未能正确理解题意，导致答非所问。

（5）特殊答案处理不当。当调查对象提供的答案不在选项范围内或属于其他特殊情况时，调查人员无法正确填答。

针对上述错误，质控人员需要在录音核听过程中进行以下操作：

（1）直接修正填答错误。在确认调查人员操作错误的情况下，质控人员可以直接修改。

（2）标注答非所问的情况。在调查过程中，调查对象提供的答案可能与问题的题意不符，这种答非所问的情况会影响调查数据的准确性和可靠性。此时，质控人员需要进行认真识别、规范标注。标注的目的不仅是记录问题，更是为后续的质量评估和数据分析提供参考依据。

在计算机辅助调查中，质控人员可以在调查质量管控系统中直接填写并提交调查数据修改请求。系统能够自行判断并及时修正，从而实现对调查数据的初步清洗。例如，"去年，您在医疗方面的支出一共是多少钱（单位：万元）？"如果受访者回答："平均每个月在医疗方面花费 500 元。"此时，质控人员可通过录音计算出正确答案 0.6 万元（500 元×12÷10 000），在此过程中，应注意金钱单位、时间单位等的换算。如果调查人员未能正确计算，则质控人员需要在录音核听中准确识别并直接更正，同时记录该样本的错误原因及修改情况。

在录音核听过程中，质控人员须对出错较多的环节予以重点关注，并及时将相关情况上报至质控组，以便适时开展培训，有效防止错误的延续或扩大。对于在操作过程中频繁出错的调查人员，质控人员应第一时间进行提醒，并提供有针对性的指导。若在多次提醒、指导后，调查人员的访问工作仍未得到明显改进，质控人员须与质控组进行沟通，共同评估是否暂停该调查人员的工作。采取这一措施并非为了惩罚，而是为了从根本上确保调查数据的质量，避免因个别调查人员的持续失误而对整个调查项目造成不可挽回的损失。

2. 全面监测调查人员的访问行为，及时发现并纠正不规范操作①

对任何一项社会调查而言，符合规范的操作应当满足以下条件：

（1）调查人员必须完整、清晰地向调查对象念出问题题干及所有选项内容。必要时，能对题目作出正确解释，确保调查对象理解无误。

---

① 孙玉环，孟鸽，初文章. CAI 模式下社会调查项目质量控制的数据核查方法［J］. 调研世界，2015（3）：56-60.

（2）当调查对象对数值相关问题的回答不够明确时，调查人员需要运用追问技巧，尽量缩小数值范围，以便获取准确信息。

（3）在实地访问过程中，调查人员应秉持客观、中立的原则，避免任何倾向性或暗示性表述，杜绝诱导调查对象作答。

（4）调查人员必须严格按照调查对象的回答填写答案，不得臆造答案或自行跳转问题。

质控人员须确保每位调查人员的录音样本都能得到及时核听，一旦发现调查人员存在不符合规范的行为，应立即提醒并提供有针对性的指导，防止错误行为持续出现。

对录音核听中发现的严重违规行为，如调查数据质量较差或调查数据缺失过多，质控人员应迅速作出判断，确认调查数据的可用性。若调查数据未达到大型社会抽样调查项目的要求，则质控人员应果断采取措施，及时补充样本，并通知调查人员进行补充调查，以确保调查数据的完整性和可靠性。

3. 实时监督调查人员的工作态度

调查人员的工作态度将直接影响调查数据的质量。由于大型社会抽样调查项目任务重、时间紧，部分调查人员可能会为了缩短时间或减少工作量而采取不规范的操作方式。

例如，调查人员故意选择可跳转的选项或答案，从而规避某些问题模块。这种行为在实际访问中较为隐蔽，但严重影响调查数据的真实性。一个典型的例子是：调查对象明确表示自己有工作，但调查人员为了减少访问时间或简化访问流程而选择"否"，从而直接跳过与工作相关的全部问题。这种行为不仅会导致关键信息缺失，还可能掩盖调查对象的真实情况，进而影响调查结果的科学性。

又如，调查人员在实地访问过程中未能充分履职尽责，具体表现为在未向调查对象确认答案的情况下直接录入信息。一个典型的例子是：当调查对象表示每月工资为"5 000多元"时，调查人员未进一步追问具体金额，就直接填写"5 000元"。这种做法忽视了调查数据的精确性要求，可能导致统计结果出现偏差。

再如，在调查对象对题目存有疑问时，调查人员未作必要的解释，而是直接选择选项"不知道"或"拒绝回答"。这不仅影响了调查对象的配合度，还可能导致关键信息遗漏。

针对以上行为，质控人员应通过录音核查，对跳转比率较高、"不知道""拒绝回答"占比较高的问卷进行筛查，同时将相关调查人员纳入重点监测范围，具体操作方式如下：

（1）筛选异常样本及相应的调查人员。根据有效应答率（有效应答率＝每份问卷中的有效答题数/该问卷中的全部应答题数×100%）进行筛选，重点关注有效应答率最低10%～20%的问卷（该比例可根据实际情况灵活调整），并对这些问卷进行录音核听。同时，对相应调查人员完成的其他问卷进行监测。

（2）分析有效应答率过低的样本。对有效应答率过低的样本进行录音核听，判断调查人员是否存在以下问题：一是刻意跳题访问，以便减少问题模块；二是擅自填答，从而影响数据的真实性。

（3）关注有效应答率过高的样本。将有效应答率最高 10%～20% 的问卷纳入重点核听范围（该比例可根据实际情况灵活调整）。较高的有效应答率可能源于调查对象本身具有较强的理解能力，但也可能是由于调查人员为使调查数据显得真实有效，故意不向调查对象告知"不知道""拒绝回答"等选项，因此人为提高了有效调查数据的比例。对此，质控人员需要通过录音核听找到真实原因。

（四）数据核查

数据核查工作致力于精准识别可疑样本及潜在错误数据，其核查范围涵盖逻辑判断、阈值标准、有效答题情况及键盘操作等多个方面。对数据核查中发现的异常情况，质控人员需要结合其他核查方式，如电话回访核查、录音核听等进行综合判断，并及时采取措施予以妥善处理。数据核查能够有效减少因调查对象敷衍作答或调查人员消极访问而造成的质量问题。数据核查需要重点关注以下问题：

1. 调查数据的完整性

在访问过程中，数据缺失的原因是多方面的。首先，调查对象可能对问卷中的某些问题缺乏了解，因而无法提供可靠答案，导致数据缺失；其次，部分问题可能涉及个人隐私，调查对象不愿意作答，导致数据缺失；再次，少数调查人员可能会选择捷径，使得某些本应向调查对象询问的问题被跳过，导致数据缺失；最后，其他因素导致数据缺失，如调查对象敷衍作答或调查人员消极访问等。这些情况都可能影响调查数据的质量。通过计算每份问卷的缺失值比率，质控人员可以有效判断调查数据的质量是否存疑。

对回收的访问数据，以 m 表示缺失值，则缺失率可表示为

$$\text{rate}_i(m) = \sum_1^k (m_j \mid m_j = 1) \Big/ \sum_1^k (t_j \mid t_j = 1)$$

其中，k 表示每份成功完成访问的问卷的有效答题数；rate_i 为第 i 份成功完成访问的问卷的缺失值比率，即缺失率；t_j 为问卷中第 j 个问题，$t_j = 1$ 表示该问题已被填答。综合考虑调查质量管控要求、核查成本、数据分析等方面的因素，最终确定设置阈值 rate_0。将 $\text{rate}_i > \text{rate}_0$ 的样本标记为可疑样本，并将其提取至调查质量管控系统，随后利用其他核查方式，如电话回访核查、录音核听等作进一步判断。

2. 调查数据的逻辑合理性

逻辑关系是事物客观性的反映。依据逻辑关系对相关调查数据进行对比分析，能够有效检验其精确性和可信度。例如，在家庭住户调查中，通常需要了解调查对象的婚姻状况、生育情况等。此时，质控人员可结合调查对象的年龄信息进行逻辑判断，筛选出不在婚龄范围或育龄范围的受访者，随后借助其他核查方式进一步评估调查数据的可靠程度。在调查数据回传至调查质量管控系统后，质控人员须及时审核其逻辑合理性，并结合其他核查方式判断调查对象是否存在胡乱回答或敷衍作答的情况。若此类情况存在且情节严重，则应将该样本标记为质量较低并予以作废，同时及时补充样本。

3. 调查数据的有效应答率

有效应答率主要关注回传的调查数据的有效性。当调查数据中"不知道"或"拒绝回答"的比例达到一定阈值（通常为15%）时，质控人员需要单独提取这份样本，重点审核缺失数据的分布情况。对关键信息缺失或调查数据缺失比例较高的样本，应标记为质量较低并予以作废，同时及时补充样本。

4. 样本的调查耗时情况

在中国家庭金融调查项目中，访问系统能够自动记录每道题目的进入、退出和返回时间。基于这些数据，质控人员可以计算出每个样本、每道题目在访问时所耗费的时间，从而掌握所有成功完成访问的样本的调查耗时情况。设定调查时长的阈值为t_0与t_1，理论上认为$t>t_1$或$t<t_0$的样本是可疑的，以此为依据提取调查时长为极端值的样本，并结合其他核查方式判断调查过程是否符合规范，确认调查人员是否按要求完成任务。例如，在某项社会调查中，样本的平均调查时长为50分钟。综合考虑问卷题量及难度、调查时长分布等因素，可将访问时长的合理范围设定为25~75分钟（或对应时长分位数的5%和95%）。凡访问时长超出此合理范围的样本，都可被标记为可疑样本，需要进一步核查。

5. 异常数据

筛查异常数据是数据核查工作中的重要内容。从广义上讲，异常数据通常包括不符合逻辑的数据和调查耗时不正常的数据。然而，此处所指的异常数据指那些逻辑上看似合理、调查耗时也正常，但填答内容超出合理范围的数据。这个合理范围可以基于客观情况预先设定，也可以根据前期基线调查或预调查的结果计算得出。

异常数据的筛查有多种方法。以中国家庭金融调查为例，该项目主要采用盒形图法、格拉布斯（Grubbs）检验法和狄克逊（Dixon）检验法等。其中，盒形图法因其能够直观、清晰地识别调查数据中的异常值且不受极端值的影响而被广泛应用于数据核查。该方法通常通过编写代码筛查异常数据，并进行总结分析。一般来讲，异常数据定义为

$$x > Q_{\frac{3}{4}} + \frac{3}{2}\left(Q_{\frac{3}{4}} - Q_{\frac{1}{4}}\right) \text{ 或 } x < Q_{\frac{1}{4}} - \frac{3}{2}\left(Q_{\frac{3}{4}} - Q_{\frac{1}{4}}\right)$$

其中，$Q_{\frac{1}{4}}$、$Q_{\frac{3}{4}}$分别为下四分位数和上四分位数，$\left(Q_{\frac{3}{4}} - Q_{\frac{1}{4}}\right)$为四分位差。在实践中，为保证调查数据的质量，通常会选择扩大核查范围，使用以下公式：

$$x > M + \frac{3}{2}\left(Q_{\frac{3}{4}} - Q_{\frac{1}{4}}\right) \text{ 或 } x < M - \frac{3}{2}\left(Q_{\frac{3}{4}} - Q_{\frac{1}{4}}\right)$$

其中，M为中位数，$\left(Q_{\frac{3}{4}} - Q_{\frac{1}{4}}\right)$为四分位差。

对核查出的异常数据，质控人员需要进行整理、汇总，将其记录在表格中，同时详细备注样本编号、调查人员信息、调查地区、核查情况等关键信息，以便迅速开展下一步的核查工作。

（五）调查人员行动轨迹核查

调查人员行动轨迹核查主要借助定位功能实现。在调查质量管控系统中，质控人员能够实时查看调查人员的每日行动路线，目的在于核实调查人员是否准确进入

样本所在区域，杜绝未进入样本区域却完成访问工作的现象。

（六）样本替换或补充核查

在任意一项社会调查中，为确保获取高质量的调查数据，质控人员必须在既定方案的基础上，最大限度地提高样本的有效应答率，尤其是在追踪调查项目中，提升原有样本的追踪成功率至关重要。因此，在实地访问过程中，质控人员应持续监测样本的有效应答率、追踪成功率，督促调查人员采取多种策略以提高调查对象的参与度，降低无应答的概率及追踪失败的概率。

在社会调查项目的前期准备阶段，项目组可以通过宣传、沟通等方式提升样本的有效应答率和追踪成功率；而在调查执行期间，质控人员需要认真审核调查人员与样本的接触情况，并合理控制样本替换的比例。对大多数社会调查项目而言，这种控制通常需要事先制定一套严格的规则，并借助访问系统来执行。

样本替换或补充规则应根据调查项目的实际情况确定。总体来讲，样本接触情况可分为以下几类：应答、拒答、无法联系及不符合调查要求。其中，应答样本能够顺利配合完成访问，无须进入替换流程。质控人员需要重点关注拒答、无法联系及不符合调查要求这三种情况。

1. 拒答

拒答在调查执行过程中较为常见，尤其是在需要入户的调查项目中，调查对象往往因对陌生人缺乏信任而选择拒绝参与。针对拒答的情形，质控人员在制定样本替换规则时，需要重点关注以下三个方面的内容：

（1）提高接触次数。以中国家庭金融调查项目为例，尽管调查人员在第一次接触调查对象时遭遇拒答，在第二次接触时还是有超过30%的概率说服其接受访问；尽管在前两次接触时均遭遇拒答，在第三次接触时还是有超过10%的概率说服其接受访问。因此，适当增加接触次数是提高有效应答率的重要手段。

（2）优化接触时间。如果调查人员在第一次接触调查对象时遭遇拒答，那么应间隔适当时间后进行第二次接触，并尽量选择非工作时间等较为空闲的时段，以提高接触成功率。

（3）寻求外部协助。调查人员在入户的过程中，应尽可能地寻求外部支持，如求助社区或其他与调查对象有紧密联系的机构，从而有效打消调查对象的疑虑，提升其信任度，提高有效应答率。

2. 无法联系

在调查执行过程中，调查人员会面临多种复杂情况。例如，前期获取的地址可能存在错误，导致无法找到调查对象；即使地址无误，也可能出现长期无人居住、无人值守或调查对象临时外出等情况。此外，一些自然因素或人为因素也可能导致调查对象难以接触。针对这些情况，调查人员需要采取适当的应对措施，具体如下：若无法找到调查对象，则可向邻居、村（居）委会工作人员打听其联系方式，以获取更多线索；若地址无误且非空户，则需要选择合适的时间，进行多次接触；在追踪调查项目中，若原有调查对象已搬离，则应指派其新址附近的调查队伍进行访问。

针对无法联系的情况，尽管不同调查项目的接触要求大致相同，但在具体操作

125

上还是有所差异。例如，针对临时外出的调查对象，有的需要接触 3 次，有的则需要接触 6 次；有的需要在工作日的下班时间接触，有的则需要在周末进行接触；有的必须在外部力量的协助下才能实现接触。调查人员应根据调查项目的实际情况灵活调整策略。

3. 不符合调查要求

不符合调查要求的情况主要出现在对调查对象有特殊规定的项目中。例如，调查对象必须是小型、微型企业，或者调查对象必须年满 45 周岁等。在样本采集和抽取阶段，项目组往往难以完全掌握调查对象的具体情况，因此不可避免地会将部分不符合要求的对象纳入末端样本框。为应对这一问题，质控组通常会建立一套完善的样本接触、记录、反馈、审查和替换机制，以确保样本质量。具体操作流程如下：

（1）接触与记录。调查人员在实地访问过程中，根据实际接触情况，在访问系统中详细记录调查对象的信息。系统将自动计算并判断该样本是否满足替换条件。若满足条件，系统会及时提醒调查人员进行样本替换操作。

（2）反馈与审查。调查人员记录的信息将实时传输至调查质量管控系统。后台质控人员利用该系统对样本信息进行审核，判断其是否符合调查要求。若不符合要求，质控人员需要进一步确定是否启动样本替换程序。

（3）样本替换。经审查，确认样本不符合要求后，质控人员在调查质量管控系统中启动样本替换序。系统将自动从样本库中选取新的样本，并将其分配给调查人员，确保实地访问工作的连续性和有效性。

六、并行数据的分析

并行数据指在调查执行过程中同步产生的、用于记录调查执行过程本身的数据。这些数据涵盖了调查人员的键盘操作记录、调查时长记录、样本接触、替换记录、核查操作记录等。从广义上讲，调查执行中的录音数据、调查人员的行动轨迹也属于并行数据的范畴。

（一）作用

分析并行数据能够起到两个方面的作用，即辅助筛查异常数据、深入了解调查执行情况。

1. 辅助筛查异常数据

并行数据可用于识别调查执行过程中出现的异常情况，如某个样本或某道题目的调查耗时不正常。通过分析这些数据，能够快速定位潜在的异常样本，从而提高数据质量。相关内容已在前文详细阐述，此处不再重复。

2. 深入了解调查执行情况

并行数据为质控人员提供了丰富的过程信息，有助于其深入了解调查执行的实际情况。这不仅有助于质控组及时发现并处理相关问题，还能为后续调查项目的开展提供有益参考。

（1）评估工作效率及合规性。通过分析调查人员的键盘操作记录和行动轨迹，可以直观地评估其工作效率及工作流程的合规性。例如，频繁的键盘操作可能暗示调查人员在访问系统的操作中存在困难，而行动轨迹的异常则可能表明调查人员未按预定路线执行任务。

（2）优化问卷设计。调查时长记录是评估问卷设计合理性的重要依据。过长的调查时长可能导致调查人员疲劳，进而影响调查数据质量。通过分析调查时长，可以精准定位问卷中耗时过长的环节，为优化问卷设计提供科学依据。

（3）优化调查执行策略。样本接触及替换记录能够直观反映实地访问难度。例如，高频率的样本替换可能暗示末端样本框的设计不合理或调查对象难以接触。通过分析这些记录，项目组可以调整调查执行策略，从而提高实地访问效率。

（二）运用

1. 样本应答情况分析

样本应答情况分析主要基于样本接触及替换记录进行，结合地域、调查人员特质、接触时段等因素，深入探究调查对象在不同状况下的应答行为，考查调查对象的应答比例、拒答比例，以及无法联系的比例。分析结果将及时反馈至质控组，以便其根据实际情况调整调查执行方案、优化调查执行策略。

2. 问卷错误情况分析

问卷错误情况分析主要聚焦频繁出错的调查人员。通过对错误数据的分布进行详细分析，质控人员能够找到犯错的具体原因。分析结果将及时反馈给项目组，以便其制订有针对性的解决方案。同时，这些分析结果将为后续调查项目的开展提供经验，从而有效避免类似问题的再次发生。

3. 键盘操作记录分析

键盘操作记录分析主要关注调查人员在每个模块、每道题目中的点击次数及停留时间。通过这些分析数据，质控人员可以精准判断问卷中有哪些缺陷。例如，过长的停留时间可能表明调查对象在题干的理解方面存在困难，因此问卷设计人员可以及时进行优化，包括改用通俗易懂的语言、消除歧义。

4. 调查执行进度分析

调查执行进度分析指对样本回传数据进行分析，以实时掌握各地区、各调查小组的进度情况。分析内容包括但不限于以下关键指标：应访样本总量、当日累计下发样本量、当日累计访问成功样本量、当日累计回收样本量、当日累计核查样本量。若发现样本遗漏或调查数据缺失等问题，质控人员应及时联系技术人员、调查执行人员进行确认，并采取应对措施，以追回或补充样本。

127

第三篇：调查数据篇

第三篇　印度哲学史

第八章
数据清洗

对大多数社会调查项目而言，其采集的数据往往不能直接用于分析和研究，而需要经过一系列严格的处理程序，即数据清洗。数据清洗是确保数据科学性的关键环节，它直接影响数据的可靠性和准确性。本章将从大型社会抽样调查的角度出发，系统介绍数据清洗的全过程。

数据清洗的主要目的在于，确保进入样本估计等研究流程的调查数据准确无误。在实地访问过程中，调查数据出现问题的原因多种多样，如原始数据本身存在缺陷、录入错误、编码有误。为了避免这些错误数据影响后续分析与研究，数据组必须在完成数据录入后，认真开展数据清洗工作。

第一节　调查数据存在的问题

无论是抽样调查还是社会普查，它们都是借助问卷实现数据采集的，并将采集的数据转化为可操作的格式，以便用于后续分析与研究。目前，常用的问卷包括纸质问卷和电子问卷两种。

对使用纸质问卷的社会调查项目，在数据清洗前，需要将采集的数据转换为电子版本。这一过程容易导致人为录入错误，即录入数据与纸质问卷数据不一致。为最大限度地减少此类错误，我们通常采用双录校验方法：同一份纸质问卷由两名工作人员独立录入，随后对比录入结果。若发现不一致，则应将电子版本数据与纸质问卷数据进行比对。

相比之下，电子问卷采集的数据处理起来更为高效，因为其可直接回传至后台服务器，供数据组导出并用于开展数据清洗工作。

在进行数据分析、算法处理之前，数据组需要对问卷采集的原始数据作一系列技术处理，如迁移、转换、清洗、切割、压缩等。这些步骤旨在消除脏数据，确保处理后的数据能够适用于多种分析软件，并满足多样化的研究需求。表8-1为奥利维拉（Oliveira）等研究者提出的脏数据类型[1]。

----

① OLIVEIRA P, RODRIGUES F, HENRIQUES P, et al. A taxonomy of data quality problems [OL/R]. (2005-01-01) [2024-01-01]. https：//www. researchgate. net/publication/250693546.

131

表 8-1 脏数据类型

序号	脏数据类型
DT. 1	缺失数据
DT. 2	单数据源中单条记录属性值的语法错误
DT. 3	过期数据
DT. 4	异常值
DT. 5	输入值不在固定值内
DT. 6	拼写错误
DT. 7	属性值内容不足
DT. 8	属性值内容与属性上下文无关
DT. 9	无意义值
DT. 10	不精确或有歧义的值
DT. 11	域冲突（针对单数据源中单条记录属性值）
DT. 12	唯一性问题
DT. 13	同义词存在
DT. 14	域约束冲突（针对单数据源中某一列属性）
DT. 15	半空元组
DT. 16	属性值不一致
DT. 17	域约束冲突（针对单数据源中某一行属性）
DT. 18	单数据源中的数据冗余问题
DT. 19	单数据源中的实体不一致
DT. 20	域约束冲突（针对单数据源中多行记录）
DT. 21	违反参照完整性
DT. 22	过期引用
DT. 23	单数据源中的语法不一致问题
DT. 24	相关属性值的不一致问题
DT. 25	自我关系中的循环问题
DT. 26	域约束冲突（针对单数据源中多个关系表）
DT. 27	多数据源中的语法不一致问题
DT. 28	多数据源中的不同度量单位
DT. 29	多数据源中的不同表达方式
DT. 30	多数据源中的不同聚合级别
DT. 31	多数据源中同义词的存在

表8-1(续)

序号	脏数据类型
DT. 32	多数据源中同音异义词的存在
DT. 33	多数据源中的数据冗余问题
DT. 34	多数据源中的实体不一致问题
DT. 35	多数据源中的域约束冲突

不同类型脏数据具备的特性如表8-2所示。

表 8-2　不同类型脏数据具备的特性

特性	脏数据类型
准确性	DT. 2，DT. 4—DT. 9，DT. 11，DT. 14，DT. 16，DT. 17，DT. 19，DT. 20，DT. 23—DT. 26，DT. 34，DT. 35
完整性	DT. 1，DT. 15，DT. 21
及时性	DT. 3，DT. 22
一致性	DT. 10，DT. 13，DT. 23，DT. 27—DT. 32
单一性	DT. 12，DT. 18，DT. 33

脏数据举例如表8-3所示。

表 8-3　脏数据举例

问题	脏数据	描述
不合法的值	date = 33，40	日期（date）超出了值域范围
违反属性之间的关系	age = 16，year = 2013（目前为 2025 年）	年龄（age）与出生年份（year）之间的关系应为 age = 目前年份 - year
违反唯一性	第一个人：id = 11，name = 张三 第二个人：id = 11，name = 李四	同一编码（id）对应多个姓名（name）
重复	第一行：（王五，Huawei） 第二行：（王五，华为公司）	同一条信息被重复录入
拼写错误	city = 伤害	城市（city）应为上海
冲突	第一行：（王五，淘宝） 第二行：（王五，京东）	标识不唯一

第二节　调查数据清洗方法

在开展调查数据清洗工作之前，数据组需要深入学习有关数据的专业知识，全面了解数据的来源与结构。在调查数据清洗过程中，常见的方法包括转换数据格式、处理标签变量名、拆分数据、处理隐私数据、检验前后逻辑与处理缺失值、转换数据类型、编号及处理多项选择题、插补缺失值、处理异常值、生成新变量等。同时，数据组可以根据实际情况随时调整调查数据清洗方法。

一、转换数据格式

转换数据格式主要发生在调查数据清洗的初期和末期。由于不同社会调查模式、不同软件收集的数据存在格式上的差异，因此数据组需要对此进行全面分析，并与数据使用者深入沟通，充分了解其需求，以便高效开展调查数据清洗工作。

一般来讲，为减小调查数据处理误差，从服务器导出的原始数据宜为 TXT 格式或 CSV 格式（建议使用"｜"作为分隔符，因其在字符型数据中较少出现），以避免在转换数据格式的过程中出现错误。例如，在 XLSX 等格式下，年、月、日等字符类型容易被误转为数值类型。此外，TXT 格式和 CSV 格式具有更强的适用性。这两种格式因能够兼容绝大多数数据分析软件而得到广泛应用。数据组将原始数据导入数据清洗软件，在清洗完成后，将经处理的数据导出并保存为 TXT 格式、CSV 格式或其他较为常用的格式，如 SAS 格式、STATA 格式、R 格式等。

二、处理标签变量名

处理标签变量名需要依据原始数据的格式进行。由于不同社会调查模式收集的数据格式各异，且部分软件导出的数据格式极为复杂，因此数据组需要对此作单独处理，以简化原始数据的复杂变量名，使其便于操作和查阅。例如，部分软件无法识别变量名中的特殊符号，如"［］"或"．"，因此数据组需要对这些符号进行处理。以变量名"qsectionA. A3001［1］. ex1"为例，可将其处理为"a3001_1_ex1"，以便后期分析时快速查找。

在变量名处理完成后，数据组需要根据每个变量名的含义编写相应的标签，并嵌入数据集中。这样，数据使用者即使仅查阅数据集，也能清楚了解各变量的含义，无须查阅问卷。此外，考虑到不同的语言使用习惯，数据组通常需要准备两套标签，即中文标签与英文标签，以方便国内外研究者使用。

三、拆分数据

调查数据是否需要拆分，主要取决于问卷的复杂程度。对结构复杂的问卷，数据组可依据模块进行拆分，并为每个拆分后的数据集设置主键，以便后续通过主键对其进行关联。在众多社会调查项目中，即便调查主题较为单一，其涵盖的领域也可能相当广泛。例如，住户调查不仅涉及家庭整体情况，还包括该家庭中所有成员的个人信息。因此，在调查数据清洗过程中，数据组应对家庭信息、个人信息进行拆分，并单独处理个人信息，确保每个成员的个人信息独立成行，从而便于数据使用者使用。同时，鉴于家庭信息涵盖资产、消费、支出等多个方面的内容，因此从方便使用的角度出发，数据组还可以将家庭信息进一步拆分为多个模块的组合数据集。

四、处理隐私数据

各类社会调查所采集的数据在分析研究中具有广泛的应用价值，尤其是多维度的微观数据，能够为实证研究提供坚实的支撑。确保调查数据安全、保护调查对象隐私也就成为数据清洗工作中必须重点考虑的内容。《中华人民共和国统计法》第十一条明确规定："统计机构和统计人员对在统计工作中知悉的国家秘密、工作秘密、商业秘密、个人隐私和个人信息，应当予以保密，不得泄露或者向他人非法提供。"第二十八条规定："统计调查中获得的能够识别或者推断单个统计调查对象身份的资料，任何单位和个人不得对外提供、泄露，不得用于统计以外的目的。"因此，做好数据保密工作不仅是调查机构、数据使用者的共同责任，更是必须履行的法律义务。

为有效保护调查对象的个体信息，防止隐私数据泄露，调查机构需要采用适当的方法对微观数据进行处理，特别是在数据可接触人员管理、数据交付管理方面，应制定严格的规章制度。例如，在调查数据清洗阶段，应尽量减少接触原始数据的工作人员数量；在调查数据清洗完成后，交付使用前，必须进行脱敏处理，从而既满足研究人员、政策制定者的数据使用需求，又确保无人能通过公开数据识别出个体调查对象。此外，数据组必须保证数据存储与使用环境的安全性，以最大限度地降低调查数据的泄露风险。隐私数据的处理措施一般有如下几种：

（一）删除细节信息

删除细节信息指将能够明确识别调查对象身份的敏感信息进行移除，如姓名、详细住址、联系方式等。

（二）向上、向下截尾

向上、向下截尾指在公布数值型数据时，对大于或小于某一设定临界值的个体数据，不直接公布其真实值，而使用该临界值或所有超过临界值的个体均值来代替。

（三）增加噪音因子

增加噪音因子指为原始数据增加一个噪音因子，从而形成新数据，使数据使用者无法识别原始数据，进而达到保密的目的。

（四）数据互换

数据互换指在数据集中，交换同一变量的不同个体之间的数据值。这种方法能够在保持数据总体的期望值等关键指标不变的前提下，既保留原始数据信息，又满足保密要求[①]。

五、检验前后逻辑与处理缺失值

在调查执行过程中，部分调查人员操作失误或调查对象回答错误，可能导致前后答案出现矛盾，对此，数据组需要进行妥善处理。同时，受主观因素、客观因素的影响，如调查对象的受访态度、知识水平，调查人员的理解能力、操作方式等，

---

① 艾春荣，冯帅章，吴玉玲. 微观统计数据的公布及相应的保密方法 [J]. 统计研究，2007（6）：75-79.

135

缺失值的产生是不可避免的。这里主要介绍在调查数据清洗阶段，缺失值的一般处理原则。在大多数社会调查项目中，人们会使用不同的英文字母代表不同的缺失值，具体如下：

（一）数据值为".d"

数据值为".d"表示调查对象不知道如何回答。调查人员选择了"不知道"（该选项在问卷题目中实际并不存在）。这种缺失是由于调查对象自身不知道答案而造成的。

（二）数据值为".r"

数据值为".r"表示调查对象拒绝回答该问题。调查人员选择了"拒绝回答"（该选项在问卷题目中实际并不存在）。这种缺失是由于调查对象拒绝回答而造成的。

（三）数据值为".e"

数据值为".e"表示在调查质量管控过程中，因校正调查人员的错误填答而导致逻辑路径发生改变。由于新的逻辑路径涉及的问题在调查执行中未被询问，因此数据出现缺失。例如，调查人员询问："您是否有工作？"调查对象回答"是"，但调查人员误填"否"。在录音核听过程中，质控人员将答案修正为"是"，但由于与工作相关的问题未询问，因此质控人员无法补充相关信息，只能将这些题目的数据值都设置为".e"。

（四）数据值为".n"

在调查质量管控过程中，有时质控人员会发现，部分调查对象未对某些问题作答，而调查人员在未得到明确答案的情况下自行填答。由于此类数据无法实现校正，因此数据组通常将其标记为".n"。

更多有关缺失值处理的方法将在插补缺失值中进行详细说明。

六、转换数据类型

在导入原始数据时，为避免软件自动转换数据类型带来的错误，建议统一将数据以字符型格式导入。随后，根据问卷设计情况和数据使用者的需求，将字符型格式转换为其他适用格式。例如，对涉及金额的数值型问题，需将其答案从字符型转换为数值型，以提升分析的便利性。

七、编号及处理多项选择题

（一）编号

在大型社会抽样调查项目中，调查对象可能分布在全国不同地区。为了准确识别每个样本，数据组通常会依据地方行政区划代码对其进行编号。这种编号即样本编码。通过对样本进行编号，有助于数据使用者快速掌握样本所在地的详细信息。为了确保样本信息安全，保护调查对象的隐私，在调查数据清洗过程中，数据组须对所有样本进行随机排序并生成新编码，用于后续识别。新编码将替换原始的行政区划代码（国标码），同时省（自治区、直辖市）、市、县（区、县级市）、乡镇

（街道）等具体信息将被隐藏。

以住户调查为例，在经处理的数据中，样本编码的变量分为家庭变量、个人变量及社区变量。假设 hhid 是标识家庭的变量，每个 hhid 唯一识别一个家庭；pline 是标识家庭成员的变量，每个 pline 唯一识别一个家庭成员，则同一家庭的同一成员在不同时期的 pline 保持不变。这样有助于研究人员随时对追踪调查数据进行匹配和分析。

在社会调查中，有时会针对不同个体或事物向调查对象询问相同问题。例如，在住户调查中，调查人员会询问所有家庭成员、所有住房的情况。这类问题称为循环询问问题，对其答案的数据命名规则是在变量名后添加后缀"_#"，其中，"#"代表第#次循环。例如，var_1 表示第一个家庭成员，var_2 表示第二个家庭成员。

（二）处理多项选择题

对于多项选择题，其原始数据通常以"1-2-3…"的形式呈现。这种格式会给后期分析研究带来诸多不便。因此，数据组需要对这类数据进行处理，使其可供直接使用。处理原则如下：将每个选项转换为取值为 0 或 1 的哑变量。若选项被选中，则哑变量赋值为 1；否则赋值为 0。多项选择题分为两类，即非循环多项选择题和循环多项选择题。以下将对这两类多项选择题的命名规则作详细介绍。

1. 非循环多项选择题的命名规则

非循环多项选择题的命名规则为在变量名后添加后缀"_ * _mc"，其中，"*"代表第 * 个选项。例如，var_1_mc 表示是否选择变量 var 的第一个选项。0 表示未选择，1 表示已选择。非循环多项选择题的处理说明如表 8-4 所示。

表 8-4　非循环多项选择题的处理说明

varname_ * _mc	变量信息
0	第 * 个选项未选择
1	第 * 个选项已选择

2. 循环多项选择题的命名规则

循环多项选择题的命名规则为在变量名后添加后缀"_#_ * _mc"，其中，"#"代表第#次循环，* 代表第 * 个选项。例如，var_2_1_mc 表示在第 2 次循环时是否选择变量 var 的第一个选项。0 表示未选择，1 表示已选择。循环多项选择题的处理说明如表 8-5 所示。

表 8-5　循环多项选择题的处理说明

varname_#_ * _mc	变量信息
0	在第#次循环中第 * 个选项未选择
1	在第#次循环中第 * 个选项已选择

八、插补缺失值

前文已对缺失值的一般处理原则作了简单介绍，下面将详细说明缺失值的插补方法，以进一步减小数据缺失对后续分析研究的影响。缺失数据大致分为以下两种类型：

（1）大部分信息缺失的数据。如果样本的大部分信息缺失，那么这种样本就成为无效样本，一般会在调查数据清洗过程中被直接剔除。此外，数据组会根据其入样概率调整其他样本权重，以减小样本减少的影响。

（2）部分信息缺失的数据。部分信息缺失指大部分问题有真实答案，只有少量问题因调查对象拒绝回答、无法回答、回答错误而缺少有效答案。针对这种情况，在调查数据清洗过程中，数据组可利用辅助信息对缺失值进行插补，为每个缺失值寻找合适的替代值①。

需要注意的是，插补缺失值通常针对连续性变量（数值）进行，主要方法包括单一插补和多重插补。

（一）单一插补

单一插补指采用特定方法为缺失值构造一个合理的替代值，并将其插入数据缺失的位置②。通过这种方式，可以形成一个新的数据集，以便后续统计分析工作的开展。采用单一插补方法时，插值即替代值，是在对观测数据建模的基础上确定的，其不确定性没有得到考虑。因此，利用这种方法补全的数据与原始数据相比，标准差通常会偏低，而 P 值和置信区间则会偏小。单一插补包括以下几种类型：

1. 逻辑插补（logical imputation）

逻辑插补指基于调查对象对其他问题的回答，利用逻辑关系来推算缺失值。这种方法主要应用于调查质量管控阶段，多由质控人员使用。借助逻辑关系，可以合理填补部分缺失数据。

2. 回归插补（regression imputation）

回归插补指基于信息完整的样本建立回归模型，以此来估计缺失值。具体操作方式是将数据缺失样本的已知信息代入回归方程，从而预测缺失值。对某些在社会调查中已了解区间的缺失值，可采用区间回归模型进行插补；对未掌握区间的缺失值，则可使用线性回归模型进行插补。

3. 比率插补（ratio imputation）

比率插补的操作方式如下：首先，选定若干与被插补变量相关的辅助变量；其次，依据被插补变量与辅助变量的相关性构建比率模型；最后，基于比率模型，插补缺失数据。实际上，比率插补是回归插补的特例，因为从本质上讲，它是回归线经过原点的回归插补。换而言之，回归插补可以视为比率插补的扩展形式。

4. 预测均值匹配（predicted mean matching）

预测均值匹配通过使用与线性模型预测均值最接近的观测值来替换缺失值。

5. 分层均值插补（hierarchical mean imputation）

分层均值插补的操作流程如下：首先，依据研究目的，选取合适的辅助变量对数据进行分层，使层内样本的差异最小化；其次，在每一层内，利用目标变量有数

---

① 庞新生. 缺失数据处理中相关问题的探讨［J］. 统计与信息论坛，2004（9）：29-32.
② 庞新生. 缺失数据插补处理方法的比较研究［J］. 统计与决策，2012（12）：18-22.

值记录的单元均值，对层内该变量的缺失值进行插补。

6. 最近距离插补（nearest neighbor imputation）

最近距离插补的操作方式如下：首先，选定若干与目标变量相关的辅助变量；其次，构建一个用于测量单元间距离的函数，并计算各单元在辅助变量上的相似度；最后，在与缺失值单元临近的、有数值记录的单元中，选择满足预设距离条件的单元，以其相应变量的数据作为插补值。

7. 热卡插补和冷卡插补（hot deck imputation/cold deck imputation）

热卡插补和冷卡插补的本质区别在于，插补数据的来源不同。热卡插补使用同一次调查中的数据进行插补，即缺失数据的替代值来源于同一数据集或同一次调查；而冷卡插补则从除当前调查以外的渠道获取插补值，如以前的调查数据、政府部门的公开数据等[①]。

8. EM 算法（expectation maximum algorithm）

EM 算法也称期望最大化算法，是一种基于观测数据估计模型参数的方法，也是机器学习领域的基础算法。它通过迭代过程逐步优化参数估计。该算法包含两个主要步骤：E 步（期望步）和 M 步（最大化步）。E 步指根据 Y_{obs} 和 $\theta^{(t)}$ 预测 $Y_{mis}^{(t)}$，M 步指根据 Y_{obs} 和 $Y_{mis}^{(t)}$ 估计 $\theta^{(t+1)}$。给定参数模型 θ 的初始值 $\theta^{(0)}$，不断重复 E 步和 M 步，直至参数估计收敛，此时得到的 $Y_{mis}^{(t)}$ 即插补值[②]。

（二）多重插补

多重插补是由鲁宾（Rubin）于 1977 年提出的在单一插补的基础上衍生出来的一种插补方法，可视为对单一插补的拓展。具体而言，多重插补的操作流程如下：首先，为每个缺失值构造两个及以上的替代值，从而形成多个完整的数据集；其次，对每个完整的数据集采用相同方法进行处理，并得到多个处理结果；最后，综合这些结果，依据特定标准，得出目标变量的估计值[③]。

多重插补方法源于贝叶斯估计。其核心思想在于，基于已观测的数据，利用随机抽样确定缺失值的替代值[④]。在具体的操作中，首先，应初步估计出缺失值；其次，为其引入不同的随机噪声，从而生成多组候选插补值；最终，从这些候选插补值中选取最合适的插补值[⑤]。根据贝叶斯估计，如果 θ 是感兴趣的参数，X 为观测数据，那么计算条件分布 $f(\theta|X)$ 即可，因为 $f(\theta|X)$ 中已包含关于 θ 的所有信息。通常情况下，如果 X 中包含的信息足够多，那么在给定条件 $X=x$ 下，有

$$\theta - E(\theta|x) \sim N[0, \text{Var}(\theta|X)]$$

可见，在大多数应用中，计算出 $E(\theta|x)$ 和 $\text{Var}(\theta|X)$ 即可。从模拟的角度来看，问题就转化为是否可以利用条件分布 $f(\theta|X)$ 生成一系列样本 $\theta_1, \theta_2, \cdots, \theta_m$，使得它们在给定条件 $X=x$ 下呈独立分布。

139

---

① 庞新生. 缺失数据插补处理方法的比较研究［J］. 统计与决策，2012（12）：18-22.

② 肖进，刘敦虎，顾新，等. 银行客户信用评估动态分类器集成选择模型［J］. 管理科学学报，2015（3）：114-126.

③ 乔丽华，傅德印. 缺失数据的多重插补方法. 统计教育，2006（12）：4-7.

④ 胡红晓，谢佳，韩冰. 缺失值处理方法比较研究［J］. 商场现代化，2007（5）：352-353.

⑤ 同④.

$$\theta_i \sim f(\theta \mid x), \ i = 1, 2, 3, \cdots, m$$

如果可以，那么在 $m \to \infty$ 时，有

$$\bar{\theta} = \frac{1}{m}(\theta_1 + \theta_2 + \cdots + \theta_m) \to E(\theta \mid x) \tag{8-1}$$

$$\frac{1}{m-1}\sum_{i=1}^{m}(\theta_i - \bar{\theta})^2 \to \mathrm{Var}(\theta \mid X) \tag{8-2}$$

多重插补的思想是对式（8-1）、式（8-2）的延伸，认为 $E(\theta \mid \mathrm{DI})$ 是好的估计量。其中，DI 指能够获得的数据信息。原因如下：首先，对二次损失函数而言，$E(\theta \mid \mathrm{DI})$ 是所有估计量中能使总均方差误差最小的估计值；其次，贝叶斯估计值和最大似然估计（MLE）同时具有良好的大样本性质。

多重插补通常包含以下三个步骤：第一步，为每个缺失值确定一些可能的插补值，这些值反映了模型的不确定性。所确定的值用于填补数据集的缺失值，然后生成若干完整数据集。第二步，使用处理完整数据集的统计方法对新生成的插补数据集进行统计分析。第三步，对各插补数据集产生的结果进行统计和总结，从而得出最终的插补值[1]。这一过程考虑了由数据插补导致的不确定性。

1. 多重插补的主要方法

（1）回归预测法。对数据缺失的变量，可以通过建立适当的回归模型来预测缺失值，并利用该预测值进行插补。具体步骤如下：

步骤一，建立模型。选择与数据缺失变量相关的其他变量作为自变量，建立回归模型。

步骤二，预测缺失值。利用回归模型对缺失值进行预测，并将该预测值作为插补值。

步骤三，重复处理。对每个单调缺失数据（如时间序列数据中随时间出现的缺失数据）重复上述过程，直至所有缺失值被填补。

（2）倾向得分法（propensity score matching，PSM）。倾向得分法是一种用于处理缺失数据的统计方法。它为每个缺失值计算一个条件概率（倾向得分），并根据计算结果对观测变量分组，然后在各组内应用类似贝叶斯估计的插补方法进行填补[2]。倾向得分法特别适用于处理非随机缺失数据。具体步骤如下：

步骤一，定义示性变量 R_j：如果观测值 j 缺失，则 $R_j = 0$，否则 $R_j = 1$。

步骤二，建立 logistic 回归模型以估计每个变量的数据缺失概率：

$$\mathrm{logit}(p_j) = \beta_0 + \beta_1 Y_1 + \beta_2 Y_2 + \cdots + \beta_{j-1} Y_{j-1}$$

其中，$p_j = P(R_j = 0 \mid Y_1, Y_2, \cdots, Y_{j-1})$，且 $\mathrm{logit}(p) = \log\left(\dfrac{p}{1-p}\right)$

步骤三，对每个观测值，使用估计的倾向得分来表示其缺失概率。

步骤四，根据倾向得分，将观测变量分成若干固定组。

步骤五，在每组内，应用类似贝叶斯估计的插补方法进行插补。

---

① 胡红晓，谢佳，韩冰. 缺失值处理方法比较研究 [J]. 商场现代化，2007（5）：352–353.
② 杨军，赵宇，丁文兴. 抽样调查中缺失数据的插补方法 [J]. 数理统计与管理，2008（9）：821–832.

步骤六，对每个存在缺失数据的变量重复上述步骤，直至所有缺失值被填补①。

对非单调缺失数据，需要先将其转化为单调缺失数据，然后按照前文所述方法进行处理。由于倾向得分法在使用协变量信息时未充分考虑变量间的相关性，因此其更适用于推断单个数据缺失变量的分布。

（3）MCMC方法。该方法是一种模拟算法，其全称是马尔科夫蒙特卡罗（Markov Chain Monte Carlo）方法。它通过设计一种特殊的马氏链，使其平稳分布恰好为目标分布。从该链中产生的样本可用于估计目标分布的特征。在对缺失值进行插补的场景中，MCMC方法通过从模拟数据的潜在结构中获得合理的估计值，其核心在于利用随机抽样来探索模型参数的后验分布。在应用MCMC方法计算多重插补值时，主要采用数据扩充算法。具体步骤如下：

步骤一，设定一个统计模型来描述数据的生成过程，包括观测数据和缺失数据的联合分布。

步骤二，对缺失数据使用基于合理猜测的估计值作为初始值，为后续迭代提供起点。

步骤三，使用MCMC方法（常用的是Metropolis-Hastings算法和Gibbs采样方法），从后验分布中抽取样本。这一过程通常涉及一系列迭代，每一步都基于前一步的结果生成新样本。

步骤四，在MCMC方法收敛到稳定状态后进行大量抽样，用于估计缺失值的分布。插补值通常通过计算样本的均值、中位数或其他估计量得到。

步骤五，对插补效果进行评估。通常可以通过对比插补后数据集与原始完整数据集的某些特性，或者使用交叉验证等技术来评估插补值的准确度。

（4）链式方程法（multiple imputation by chained equations，MICE）。该方法最初由博舒伊岑（Boshuizen）和诺克（Knook）提出，通过一系列回归模型描述被插补变量和协变量的条件分布。这些条件分布可以是多种类型的，如线性回归、逻辑回归等②。链式方程法利用一系列条件模型来预测并插补缺失值，且每个模型都基于数据中的其他变量构建。具体步骤如下：

步骤一，根据每个数据缺失变量的类型，分别建立一个预测模型。例如，对连续变量可以使用线性回归，对分类变量可以使用逻辑回归。

步骤二，使用链式方程法，按照某种顺序迭代地插补缺失值，在每一步中，使用已插补的变量来预测并插补下一个变量的缺失值。这一步骤反复进行，直至所有缺失值都被插补。

步骤三，为减少插补过程中不确定性的影响，通常需要生成多个插补数据集。每个数据集都通过步骤二的迭代过程独立生成。由于初始值和随机因素的影响，每次插补的结果可能会有所不同。

步骤四，对每个插补数据集进行分析，计算每个统计量的均值和方差，以确定最终估计和置信区间。

---

① 杨军，赵宇，丁文兴. 抽样调查中缺失数据的插补方法［J］. 数理统计与管理，2008（9）：821-832.
② 刘凤芹. 基于链式方程的收入变量缺失值的多重插补［J］. 统计研究，2009（1）：71-77.

步骤五，将多个数据集的分析结果合并，得到最终的插补结果。

（5）PMM（predictive mean matching）方法。PMM方法又称随机回归插补法、预测均值匹配法，是回归插补方法的一种改进形式。PMM方法通过结合回归分析和随机误差项来生成插补值，不仅应用了模型预测值，还通过随机性来反映缺失数据的不确定性。PMM方法假设不完全变量（存在缺失值）与完全变量（不存在缺失值）之间存在线性回归关系。例如，变量X_i是一个存在缺失值的不完全变量，而X_1，X_2，$\cdots$，X_{i-1}是完全变量，通过拟合以下线性回归模型[1]：

$$E[X_i \mid \beta] = \beta_0 + \beta_1 X_1 + \beta_2 X_2 + \cdots + \beta_{i-1} X_{i-1}$$

可得模型回归系数的参数估计：

$$\hat{\beta} = (\hat{\beta}_0, \hat{\beta}_1, \cdots, \hat{\beta}_{i-1})$$

在每次插补过程中，从β的后验分布中随机抽取新的参数β^*，并计算

$$X_i^* = \beta_0^* + \beta_1^* X_1 + \beta_2^* X_2 + \cdots + \beta_{i-1}^* X_{i-1} + \sigma^* \varepsilon$$

其中，σ^*是模型的方差估计，ε为模拟的正态随机误差。将缺失的X_i用数据集中最接近X_i^*的值进行填补。PMM方法可以在正态性假设不成立的情况下，寻找合适的填补值[2]。

2. 多重插补推断

（1）简单随机抽样下的多重插补推断。对样本进行简单随机抽样并选出若干数据值，在此基础上对总体均值$\overline{Y}$进行推断。假设从总体中抽取了n个样本，其中n_{obs}个样本进行了回答，而$n-n_{obs}$个样本存在缺失值。采用多重插补方法处理缺失值，为每个缺失数据生成m个插补值，从而建立起m个完整数据集。每个数据集都有一个均值$\overline{y}_i$和方差$S_{(i)}^2$（$i=1, \cdots, m$）[3]。根据鲁宾（Rubin）的重复插补理论，可知总体均值$\overline{Y}$的多重插补估计为

$$\hat{\overline{Y}}_M = \frac{1}{m} \sum_{i=1}^{m} \overline{y}_i$$

总体均值$\overline{Y}$的多重插补估计方差为

$$V(\hat{\overline{Y}}_M) = \frac{1}{m} \sum_{i=1}^{m} S_i^2 + \frac{1}{m-1} (\overline{y}_i - \hat{Y}_i)^2$$

（2）分层随机抽样下的多重插补推断。对样本进行分层随机抽样并选出若干数据值，在此基础上对总体均值$\overline{Y}$进行推断。假设第j层有n_j个单位，其中$(n_{obs})_j$个单位进行了回答。采用多重插补方法处理缺失值，为每个缺失数据生成m个插补值，从而建立m个完整数据集。每个数据集都有一个层均值$\overline{y}_{j(l)}$和方差$S_{j(l)}^2$（$l=1,\cdots, m$）[4]。根据鲁宾（Rubin）的重复插补理论，可知总体均值$\overline{Y}$的多重插补估计为

$$\hat{\overline{Y}}_{MI} = \sum_{i=1}^{m} \left[\sum_{j=1}^{J} W_j \overline{y}_{i(l)} \right] / m$$

① 曹阳，谢万军，张罗漫. 多重填补的方法及其统计推断原理 [J]. 中国医院统计，2003（6）：77-81.
② 同①.
③ 庞新生. 缺失数据插补处理方法的比较研究 [J]. 统计与决策，2012（12）：18-22.
④ 庞新生. 分层随机抽样条件下缺失数据的多重插补方法 [J]. 统计与信息论坛，2009（5）：19-21.

其中，$W_j = N_j/N$，N_j是第j层的总体单位数，N是总体单位总数。

总体均值$\bar{Y}$的多重插补估计方差为

$$V_{\mathrm{MI}} = \sum_{l=1}^{m} \left[\sum_{j=1}^{J} W_j^2 (n_j^{-1} - N_j^{-1}) s_{j(l)}^2 \right]/m + \frac{m+1}{m} \sum_{l=1}^{m} \left[\sum_{j=1}^{J} W_j \bar{y}_{j(l)} - \hat{\bar{Y}}_{\mathrm{MI}} \right]^2/(m-1)$$

3. 多重插补的计算问题

多重插补思想的形成基础是随机缺失（missing at random，MAR）机制。MAR机制假设缺失数据的发生概率与已观察到的变量相关，而与未观察到的数据特征无关。相对地，非随机缺失（missing not at random，MNAR）机制则意味着数据缺失的发生概率不仅依赖于已观察到的变量，还依赖于未观察到的变量。由于 MAR 机制无法通过数据直接检验，因此在多重插补的计算过程中，我们需要结合以下情况来验证结果的合理性：

（1）收敛性。多重插补模型大多基于贝叶斯估计、利用 MCMC 方法进行构建。根据前文可知，MCMC 方法需要经历多次模拟，直至收敛于正确的分布，并要确保每份插补数据的独立性。因此，在条件允许的情况下，我们可以利用图像诊断方法等对构建过程进行检查。

（2）分布假设。只有在数据分布符合模型假设时，才能建立相应的多重插补模型。因此，在实践中，我们需要检查缺失数据是否符合多重插补方法的应用假设。如果使用 MICE 方法或完全规范的方法，则可以有效减少此类问题的出现。

（3）预测过于完美。在对含有大量分类数据的变量进行插补时，可能出现过于完美的预测结果，即某个特定子样本的拟合值接近 0 或 1，导致标准差和参数估计方差增加。许多统计软件在分析这类变量时可能无法识别其中的问题，因此我们在分析存在缺失数据的样本时，需要对此特别关注。

（4）样本之外插补。在实际应用中，有时会出现缺失值大范围集中的情况。此时，根据非缺失观测值进行插补可能导致偏差甚至错误。例如，在一份身高调查数据中，样本包括高个子和矮个子，而大量缺失值都发生在高个子样本中。如果使用观测到的矮个子数据对高个子数据进行插补，则计算结果几乎没有参考价值。在用软件包处理缺失数据时，也难以避免此类问题，因此我们在分析过程中需要高度重视。

4. 多重插补的优缺点分析

（1）优点。多重插补能够弥补贝叶斯估计的不足，同时相比单一插补更具优势。

尽管多重插补的思想来源于贝叶斯估计，但多重插补弥补了贝叶斯估计的不足：第一，贝叶斯估计依赖于极大似然方法，要求模型设定必须准确，否则可能导致错误结论，从而使得先验分布直接影响后验分布的准确性；而多重插补基于的是大样本渐近完整的数据理论，因此在数据量较大的情况下，不会导致先验分布对结果产生较大影响。第二，贝叶斯估计仅关注未知参数的先验分布，而没有利用参数之间的关系；而多重插补对参数的联合分布作出了估计，并充分利用了参数之间的关系[①]。

与单一插补相比，多重插补具备以下优势：第一，多重插补采用随机方法抽取数据，并对缺失值进行插补，增强了估计的有效性；第二，在某个模型下进行随机抽样时，多重插补能够直接、简单地融合完全数据，从而得出有效推断，进而反映数据缺失导致的附加变异；第三，在多个模型下进行随机抽样时，多重插补可以应用完全数据方法，研究无回答在不同模型下的推断敏感性[②]。

（2）缺点。多重插补虽然具有如上诸多优点，但也存在一定的缺点：计算过程较为复杂，工作量大，耗时耗力，且在处理过程中需要较大的存储空间。因此，研究人员在实际应用中应根据自身需求和资源条件，合理选择插补方法。

（三）缺失值插补的实际操作步骤

下面，我们简要说明缺失值插补的实际操作步骤。为方便描述，笔者简化了缺失值插补处理方法，主要对逻辑插补方法和模型插补方法进行介绍。

1. 总体缺失情况评估

对变量的数据缺失情况进行详细描述，并标注需要插值的变量。

2. 逻辑插补

对可以通过前后逻辑关系或外部辅助信息进行推断的数据，采用逻辑插补的方法进行处理。

3. 模型插补

对不宜采用逻辑插补的数据，通常采用模型插补的方式，具体步骤如下：

第一步，选择模型。根据数据特点选择合适的插补模型，可以是单方程模型、多方程模型，也可以是特定的回归模型，如区间回归模型、线性回归模型、预测均值匹配等。

第二步，选择辅助变量。选择与数据缺失变量关联度较高的变量作为辅助变量。

第三步，数据处理。数据处理包括对异常值进行处理；对变量进行预处理，如生成辅助变量、对数化、取比例、生成哑变量等；选择建立回归模型所需的数据。

第四步，使用诊断工具评估模型的拟合效果，具体方式如下：对连续变量主要采用累积分布图、核密度图、直方图等可视化工具及 KS（kolmogorov-smirnov test）检验来评估，对分类变量主要通过比较比例和频率图表来判断。

第五步，根据评估结果对模型进行调整和优化。

第六步，计算插补数据的均值，并用其替换缺失数据。

在缺失值插补完成后，数据组需要提供数据集中各变量在缺失值插补前后的对比情况。变量名说明如下：

var_adj 指插补前，经逻辑处理、极值处理的变量。

var_imp 指插补后的变量。

mi_var 指插补前（极值处理后）的哑变量缺失情况（缺失为 1，否则为 0）。

① 胡红晓，谢佳，韩冰. 缺失值处理方法比较研究［J］. 商场现代化，2007（5）：352-353.
② 杨军，赵宇，丁文兴. 抽样调查中缺失数据的插补方法［J］. 数理统计与管理，2008（9）：821-832.

var_imp_dummy 指哑变量的插补情况（插补过为 1，否则为 0）。

九、处理异常值

（一）异常值的定义

张德然将学者对异常值的认识归纳为广义和狭义两种类型①。

广义的异常值指在所获得的统计数据中，相对误差较大的观测数据，也称奇异值。由于人为因素或随机误差的影响，任何调查数据都存在失实的可能性，因此每一个值都可能成为异常值。

狭义的异常值指部分数据与其余数据相比，存在明显的不一致，又称离群值。如果将数据按大小顺序排列，则离群值通常位于数据序列的两端。对于狭义的异常值，我们可以利用一些数学方法进行处理。例如，原中华人民共和国国家质量监督检验检疫总局、中国国家标准化管理委员会曾联合发布了一系列有关正态分布异常数据、极值分布异常数据及指数分布异常数据的判断和处理标准②。

（二）异常值的处理规则

1. 异常值的统计学定义

一般地，异常值指在数据分布中显著偏离中心趋势的个别值。在统计检验中，通常将与平均值偏差超过 2 倍标准差的值视为异常值，而将偏差超过 3 倍标准差的值视为高度异常值。

2. 单个异常值的检测规则及步骤

根据研究目的和数据特征，选择合适的单个异常值的检测规则，并设定显著性水平，通常为 0.1、0.05 或 0.01。根据显著性水平和样本量，可以得出统计量的临界值。将数据代入统计量公式，若结果超出临界值，则这个被检测的值就可以被判定为异常值；否则为非异常值。

3. 多个异常值的检测规则

根据研究目的和数据特征，采用指定的显著性水平对全体观测值进行检测。若未检测出异常值，则终止检验；若检测出异常值，则应在剔除该值后，继续对剩余数据进行检测，直至不再出现新的异常值。

4. 异常值的一般处理规则

在处理异常值之前，应尽可能查明其产生的原因，并根据具体情况采取以下相应措施：

（1）保留异常值。若异常值具有实际意义或其异常原因无法确定，则可保留该值。

（2）剔除异常值。若异常值的错误较为明显且无法修正，则可从样本中直接剔除该值。

（3）替换异常值。若异常值因测量错误而产生，则可剔除该值并追加适宜的观测值或用插补值代替。

---

① 张德然. 统计数据中异常值的检验方法［J］. 统计研究，2003（5）：53-55.
② 同①.

（4）修正异常值。若能找到异常值的具体形成原因，则应对该值进行修正。

需要特别注意的是，若无充分的统计上或物理上的理由能说明错误的存在，则不应轻易删除、替换、修正检测出的异常值。在数据清洗过程中，数据组应当记录所有异常值，并备注其被删除、替换、修正的具体理由[①]。

（三）异常值的传统检验方法

1. 奈尔（Nair）检验法

（1）上侧情形的检验法。

首先，对观测值由小到大进行排列：

$$x_{(1)} \leqslant x_{(2)} \leqslant \cdots \leqslant x_{(n)}$$

其次，计算统计量：

$$R_n = [x_{(n)} - \bar{x}]/\sigma$$

再次，确定显著性水平 α，并查出对应的临界值 $R_{1-\alpha(n)}$。

最后，判断异常值：若 $R_n > R_{1-\alpha(n)}$，则 x_n 为异常值；否则，x_n 为非异常值。

（2）下侧情形的检验法。

首先，计算统计量：

$$R_1 = [x_{(1)} - \bar{x}]/\sigma$$

其次，确定显著性水平 α，并查出对应的临界值 $R_{\alpha(n)}$。

最后，判断异常值：若 $R_1 < R_{\alpha(n)}$，则 $x_{(1)}$ 为异常值；否则，$x_{(1)}$ 为非异常值。

（3）双侧情形的检验法。

首先，确定临界值：上下侧的临界值分别为 $R_{1-\alpha(n)/2}$ 和 $R_{\alpha(n)/2}$。

其次，判断异常值：若上下侧的观测值超出对应的临界值范围，则为异常值，否则为非异常值。

2. 格鲁布斯（Grubbs）检验法（一般用于对极大值的检验）

（1）对观测值由小到大进行排列：

$$x_{(1)} \leqslant x_{(2)} \leqslant \cdots \leqslant x_{(n)}$$

（2）计算均值和标准差：

$$\bar{x} = \frac{\sum x_i}{n}, \quad s^2 = \frac{\sum (x_i - \bar{x})^2}{n - 1}$$

（3）计算统计量：

$$G_{(n)} = \frac{(x_n - \bar{x})}{s}$$

（4）确定显著性水平 α，并查出对应的临界值 $G_{1-a}(n)$。

（5）判断异常值：若 $G_{(n)} > G_{1-a}(n)$，则 x_n 为异常值；否则，x_n 为非异常值。

3. 狄克逊（Dixon）检验法

狄克逊检验法通过极差比来判定和剔除异常数据，具体操作步骤如下：

① 国家标准局. 数据的统计处理和解释 正态样本异常值的判断和处理 [EB/OL]. (1985-01-29) [2024-01-01]. https：//m. antpedia. com/standard/pdf/A41/1702/GB4883-1985.pdf.

（1）对观测值由小到大进行排列：

$$x_{(1)} \leqslant x_{(2)} \leqslant \cdots \leqslant x_{(n)}$$

（2）根据样本量的不同，计算相应的统计量。

下侧检验统计量为

$$\begin{cases} \gamma_{10} = \dfrac{(x_2 - x_1)}{(x_n - x_{n-1})}, & 3 \leqslant n \leqslant 7 \\[3mm] \gamma_{11} = \dfrac{(x_2 - x_1)}{(x_{n-1} - x_1)}, & 8 \leqslant n \leqslant 10 \\[3mm] \gamma_{21} = \dfrac{(x_3 - x_1)}{(x_{n-1} - x_1)}, & 11 \leqslant n \leqslant 13 \\[3mm] \gamma_{22} = \dfrac{(x_3 - x_1)}{(x_{n-2} - x_1)}, & 14 \leqslant n \leqslant 30 \end{cases}$$

上侧检验统计量为

$$\begin{cases} \gamma_{10} = \dfrac{(x_n - x_{n-1})}{(x_n - x_1)}, & 3 \leqslant n \leqslant 7 \\[3mm] \gamma_{11} = \dfrac{(x_n - x_{n-1})}{(x_n - x_2)}, & 8 \leqslant n \leqslant 10 \\[3mm] \gamma_{21} = \dfrac{(x_n - x_{n-2})}{(x_n - x_2)}, & 11 \leqslant n \leqslant 13 \\[3mm] \gamma_{22} = \dfrac{(x_n - x_{n-2})}{(x_n - x_3)}, & 14 \leqslant n \leqslant 30 \end{cases}$$

（3）判断异常值：若 $\gamma_{ij} > \gamma'_{ij}$，且 $\gamma_{ij} > D(\alpha, n)$，则 x_1 为异常小值；若 $\gamma'_{ij} > \gamma_{ij}$，且 $\gamma'_{ij} > D(\alpha, n)$，则 x_n 为异常大值。

4. 拉依达准则（3σ 准则）

首先，计算均值和标准差：

$$\bar{x} = \frac{\sum x_i}{n}, \quad s = \sqrt{\frac{\sum (x_i - \bar{x})^2}{n - 1}}$$

其次，计算每个观测值与均值的绝对差：

$$V_1 = |x_1 - \bar{x}|$$

最后，判断异常值：若 $V_1 = |x_1 - \bar{x}| > 3s$，则 x_1 为异常小值；否则，x_1 为非异常值。若 $V_n = |x_n - \bar{x}| > 3s$，则 x_n 为异常大值；否则，x_n 为非异常值。

5. 偏度–峰度检验法[①]

偏度–峰度检验法适用于样本主体来源于正态总体，且异常值明显偏离样本主体的情况。该方法具体分为单侧情形的偏度检验法和双侧情形的峰度检验法。

———————————

① 田禹. 基于偏度和峰度的正态性检验［D］. 上海：上海交通大学，2012.

（1）单侧情形的偏度检验法。

首先，计算偏度（skewness）：

$$sk = \frac{\sqrt{n} \sum_{i=1}^{n} (x_i - \bar{x})^3}{\sqrt{\left[\sum_{i=1}^{n} (x_i - \bar{x})^2\right]^3}}$$

$$= \frac{\sqrt{n} \left[\sum_{i=1}^{n} x_i^3 - 3\bar{x} \sum_{i=1}^{n} x_i^2 + 2n(\bar{x})^3\right]}{\sqrt{\left[\sum_{i=1}^{n} x_i^2 - n(\bar{x})^2\right]^3}}$$

其次，判断异常值：对上侧情形，当 sk 大于临界值时，最大值 x_n 为异常值；否则，最大值 x_n 为非异常值。对下侧情形，当 sk 小于临界值时，最小值 x_1 为异常值；否则，最小值 x_1 为非异常值。

（2）双侧情形的峰度检验法。

首先，计算峰度：

$$k = \frac{n \sum_{i=1}^{n} (x_i - \bar{x})^4}{\left[\sum_{i=1}^{n} (x_i - \bar{x})^2\right]^2}$$

$$= \frac{n \left[\sum_{i=1}^{n} x_i^4 - 4\bar{x} \sum_{i=1}^{n} x_i^3 + 6n(\bar{x})^2 \sum_{i=1}^{n} x_i^2 - 3n(\bar{x})^4\right]}{\left[\sum_{i=1}^{n} x_i^2 - n(\bar{x})^2\right]^2}$$

其次，判断异常值：当 k 大于临界值时，则距离均值最远的观测值为高度异常值；否则，为非异常值。

（四）异常值的高级判定方法

1. 跳跃度判定法

跳跃度判定法指在仅有异常大值、仅有异常小值及既有异常大值又有异常小值的情况下，通过排序和计算数值间的跳跃度来识别异常值的存在。具体步骤如下：

首先，对样本数据由小到大进行排序，得到次序统计量 x_1，x_2，…，x_{n-1}，x_n。

其次，计算期望值：设 μ_k 为依赖于 x_1，x_2，…，x_{n-1}，x_n 的期望 μ 在 k 处的点估计。

最后，计算跳跃度[①]：

$$跳跃度 = \frac{\mu_{k+1}}{\mu_k}$$

2. 回归模型下的异常值检验

在常规回归模型和半变系数模型中，我们可通过删除第 i 个样本点前后模型系

① 张德然. 统计数据中异常值的检验方法 [J]. 统计研究，2003（5）：53-55.

数的变化来检测该样本点是否为异常值，具体步骤如下：

首先，在删除第 i 个样本点后，重新拟合模型，计算模型系数的变化。

其次，通过计算 Cook 距离①或广义的 Cook 距离来判定样本点对模型的影响，进而判断该样本点是否为异常值。计算 Cook 距离（Cook Distance）的公式如下：

$$CD = \|\hat{\beta} - \hat{\beta}^I(i)\|_M^2 = \frac{[\hat{\beta} - \hat{\beta}(i)]\hat{D}^T D[\hat{\beta} - \hat{\beta}(i)]}{\rho \tilde{\delta}^2}$$

（五）基于距离的异常值检验方法

传统的基于统计的异常值检验方法，通常假设数据集符合某种分布或概率模型（如正态分布），并通过一致性检验来识别异常值②。这些方法要求研究人员对数据集的特性及其统计量有深入的了解，包括但不限于数据分布形态、均值、方差、预估的异常数据量等。然而，在实际的数据处理工作中，这些信息可能是未知的，且常规统计方法并不总能完全识别所有异常值，尤其是在缺乏特殊检测方法、数据分布不符合标准分布的情况下。此外，统计检验方法的一个显著局限在于，其往往专注于对单一变量的分析，而现实中的数据清洗工作通常要求在多维空间里检测异常值。

1. 基于马氏距离的异常值检验方法

针对统计方法中存在的上述问题，学者提出了基于距离的异常值检验方法。假设数据集 S 中的对象 o 是一个基于距离的异常值（相对于参数 p 和 d），记为 DB (p, d)。这意味着在数据集 S 中，至少有 p 部分的对象处于距离对象 o 大于 d 的位置。换句话说，该方法不依赖于统计检验，而是将那些没有足够"邻居"的对象视为基于距离的异常值，这里的"邻居"是根据指定对象定义的③。在实际应用中，我们可以基于马氏距离进行检验，具体操作步骤如下：

首先，计算样本数据的均值向量 **K** 和协方差矩阵 **L**。

其次，对每个样本计算其马氏距离

$$d(i) = \sqrt{(x_i - T)' s^{-1}(x_i - T)}$$

最后，确定异常值。由于每个样本的马氏距离近似服从自由度为 p 的卡方分布，因此可以在某个置信度条件下计算临界值 $\sqrt{x_{\rho\alpha}^2}$。当 $d(i) > \sqrt{x_{\rho\alpha}^2}$ 时，则该样本为异常值。

考虑到在传统的马氏距离计算中，均值和协方差矩阵可能不是稳健的估计量，因此我们可以借助最小协方差行列式法（FAST-MCD）进行修正④。

2. 基于 K 最近邻距离的离群点检验算法

基于 K 最近邻距离（k-nearest neighbor，KNN）的离群点检验算法也是一种比较简单且常用的异常值检验方法，其具体操作步骤如下：

---

① 这是线性回归分析中的一个重要概念，用于识别和分析线性回归模型中的强影响点。它由统计学家库克（Cook）于 1977 年提出，因此被称为 Cook 距离。

② 高伟，关宏伟，汪艳. 异常数据挖掘及其在工程实际中的应用研究 [J]. 信息技术，2004（4）：70-72.

③ 同②.

④ 王斌会，陈一非. 基于稳健马氏距离的多元异常值检测 [J]. 统计与决策，2005（3）：4-6.

首先，在给定数据集中，计算每个样本的 K 最近邻距离。

其次，按照 K 最近邻距离进行降序排列，前 n 个点即可认为是异常值。

尽管基于距离的异常值检验方法适用于多维数据且简单明了，但是当数据集规模较大时，其会出现计算量大、算法复杂等问题。此外，这种方法不能处理具有不同密度区域的数据集，因为它使用的是全局阈值，所以无法考虑密度的变化。

相较于传统的基于统计的异常值检验方法，基于距离的异常值检验方法采取了一种更为综合的策略，结合了与标准分布不匹配的测试。因此，基于距离的异常值有时也被称为综合异常值。基于距离的异常值检验方法的优势在于，它绕开了使用拟合标准分布模型和选择不一致性检验方法时可能遇到的计算难题。然而，多项研究表明，如果对象 o 是根据某种基于统计的异常值检验方法判定的异常数据，那么在适当的参数 p 和 d 下，对象 o 同样会被认定为 DB（p，d）的异常值。也就是说，基于统计的异常值检验方法和基于距离的异常值检验方法在检验异常值方面并非完全对立。例如，在正态分布下，一个对象的值与均值的偏差超过 3 倍标准差时，该对象就可以被标记为异常值，以 DB（0.998 8，0.13σ）的形式来表示。

（六）基于偏离的异常值检验方法

与基于统计的异常值检验方法和基于距离的异常值检验方法不同，基于偏离的异常值检验方法侧重于通过分析对象的主导特性来识别异常值。在这种检查策略下，那些属性特征显著偏离群体的对象可以被标记为异常值。

1. 序列异常技术

序列异常技术模仿人类从一系列假定相似的对象中识别出异常对象的方法，利用了潜在的数据冗余。给定包含 n 个对象的数据集 S，构造一系列子集 $\{S_1, S_2, \cdots, S_n\}$，其中 $2 \leqslant m \leqslant n$，且 $S_{j-1} \subset S_j \subset S$。对于每个子集，确定该子集与前序子集的差异度，并使用平滑因子来评估从原始数据集中去除一个子集后差异度的降低情况。平滑因子最大的子集即异常集（异常值的集合）。平滑因子是一个依次计算每个子集的函数，用于评估从当前集合中移去一个子集后差异的减小程度，所得的值可以通过集合的势进行缩放，而集合的势函数用于统计一个给定集合的对象数目[1]。

2. OLAP 数据立方体技术

利用联机分析处理（on-line analytical processing，OLAP）中的数据立方体检验异常值，主要是通过数据立方体识别多维数据中的异常区域。为提高效率，可以将偏差检测与 OLAP 数据立方体技术相结合，使这种方法成为一种发现驱动的探索形式[2]。这种方法可以帮助研究人员智能探查数据立方体中的巨大聚集空间，并指示数据异常的预计算度量。如果根据统计模型，立方体中某个样本单元的值与预期值明显不同，那么该样本单元就被视为异常单元。如果一个单元涉及概念层次树中的维度，那么其期望值还依赖于概念层次树上的"祖先"（数据立方体中存在"祖先"与"后代"的关系）[3]。一般而言，构造数据立方体分为三个阶段：单元聚集计算阶

① 高伟，关宏伟，汪艳. 异常数据挖掘及其在工程实际中的应用研究［J］. 信息技术，2004（4）：70-72.
② 朱明. 数据挖掘［M］. 合肥：中国科学技术大学出版社，2010.
③ 同②.

段，旨在识别异常；模型拟合阶段，旨在计算标准残差；基于标准残差计算异常值阶段，旨在最终确定异常值。

十、生成新变量

在数据交付前，数据使用者可能会要求增加新数据。例如，在住户调查中，要求对家庭成员中的户主进行识别、对样本数据质量进行标识、对家庭情况变量进行说明等。以大型住户家庭情况调查为例，问卷会详细询问家庭各个方面的情况。在数据清洗过程中，可能会对家庭相关数据进行计算，如家庭总资产，包括非金融资产和金融资产；家庭总负债；家庭总收入；家庭消费性支出；等等。其中，非金融资产包括农业经营资产、工商业经营资产、土地资产、房产、车辆资产、其他非金融资产，金融资产包括社保账户余额、现金、存款、股票、基金、债券、金融衍生品、理财产品、外币资产、黄金、其他金融资产和借出款；家庭总负债包括农业负债、工商业负债、房产负债、车辆负债、其他非金融资产负债、股票负债、其他金融资产负债、教育负债、医疗负债和其他负债；家庭总收入包括工资性收入、农业经营收入、工商业经营收入、转移性收入和投资性收入；家庭消费性支出包括食品支出、衣着支出、居住支出、生活用品及服务支出、教育娱乐支出、交通通信支出、医疗保健支出和其他支出。

不同的数据使用者，可能会有相似的数据使用需求。为了便于研究人员分析使用，数据组可以在保证标准统一的基础上，计算生成部分数据，以尽量减少研究人员的工作量。在对外公布数据时，需要对相关变量进行处理。例如，为了保护高净值家庭的信息，可以对与收入资产相关的变量及插补后的变量作截尾处理，将超过规定值的样本实际值替换为该规定值，并生成一个经截尾处理的哑变量。在大型社会抽样调查项目中，截尾变量命名规则为在原变量名前加上 censor_，即 censor_varname。例如，将年收入（hh_income）在 800 万元以上的替换为 800 万元，同时生成哑变量 censor_hh_income，用 0 表示未进行结尾处理，用 1 表示已进行截尾处理。

十一、其他调整

根据各类社会调查项目的经验，在实际的数据清洗过程中，除了常见的数据处理问题外，数据组还会遇到一些出现频率较低但需要特别关注的情况，这里难以一一列举，只对一些需要调整的内容作简要说明，具体如下：剔除因调查人员凭空臆造、胡乱填答而产生的无效样本，确保数据的真实性与可靠性；移除利用软件导出数据时生成的无意义变量，减少数据冗余，提高数据质量；修正操作不当导致的重复样本编码，确保样本的唯一性；处理调查人员主动报备的各类操作失误问题，减少数据录入错误；合并追踪调查数据与新访问的数据，并明确标注问卷类型（追踪或新访），以便用于后续分析；根据录音核听结果，修正人为录入的错误数据；整理备注内容和其他选项内容，并在必要时增加新选项，同时修改问卷，以确保数据的完整性。

第三节　数据清洗文档编制

在数据清洗工作结束后，为便于数据使用者进行后续处理与分析，数据组需要记录数据清洗的全过程，涵盖每个处理步骤，并对每次清洗后的数据进行存档。这不仅确保了清洗后的调查数据可查验、可溯源，更有效避免了"错进错出"的问题。数据清洗文档应统一编入数据使用手册，同步交于数据使用者，并明确告知当前版本的具体情况，包括但不限于调查抽样过程、数据清洗程度、数据质量情况、数据核查情况、变量使用说明等。

第四节　后续维护与更新

在数据清洗工作结束后，数据组应及时导出数据，并将其保存为数据使用者所需的格式。在数据使用过程中，数据组需要持续维护数据，第一时间处理数据使用者反馈的问题，查漏补缺，并及时发布数据更新说明，以减少因数据清洗问题导致的数据分析误差。

第五节　衍生数据匹配

鉴于数据保密的要求，数据组在数据清洗过程中对样本信息进行了脱敏处理。然而，部分数据使用者在进行分析研究时，可能需要将调查数据与外部数据进行匹配。针对这种情况，数据组可以在后台对调查数据进行专业处理，并通过专门的安全渠道将其交付给相关人员或机构，以支持其后续的研究工作。这一方式既确保了调查数据的安全性，又能满足研究人员、政府部门的研究和决策需求。

第六节　数据仓库

随着互联网经济的迅猛发展，人类社会已迈入信息爆炸时代。家庭、企业和政府等市场经济主体在日常运营中产生了海量信息与数据。与此同时，中国经济进入高质量发展阶段，市场经济主体愈发依赖大量数据及科学的定量分析来辅助决策，而非仅凭模糊的定性分析。在复杂多变、竞争激烈的市场环境中，家庭、企业与政府需要迅速做出正确决策，这就要求相关人员能从不同角度为家庭生产生活、企业经营管理及政府决策分析提供精准分析与合理建议。然而，传统的数据库因存在"信息孤岛"效应、异构数据转换与共享难题而难以满足科学决策、精细化生产及高质量发展的需求。相比之下，数据仓库更契合当前经济社会发展的需要。

　　完成数据收集后，在数据清洗阶段，不同的数据使用需求容易导致垃圾数据、冗余数据及重复数据，进而削弱数据的一致性。为减少"信息孤岛"现象，数据组的工作人员需要保持密切沟通与实时联络，在遇到特殊情况时，集体讨论、共同确定清洗方案。在数据清洗工作完成后，应将数据统一存储于数据仓库中，并为数据使用者提供相应的账户权限，以便实现数据的集中管理与安全共享。尤其是在数据更新完毕后，应当同步更新所有数据使用者的版本，避免因版本差异而导致分析结果出现偏差。

第九章
数据服务

第一节 数据服务的目标

微观调查数据，即由各类社会调查产生的原始数据，种类繁多且信息量巨大，不仅具有极高的经济社会价值，也具有非常重要的学术研究价值。随着时代的发展，越来越多的机构积极投身于各项社会调查的组织与实施，致力于构建社会微观数据库。这些微观调查数据为政府决策部门、学术研究机构等提供了丰富的研究素材和翔实的分析资料，有力地推动了相关领域研究的快速发展，催生了众多具有原创性和国际影响力的研究成果。然而，目前国内多数微观调查数据的应用仍局限于少数领域，这些数据蕴含的巨大价值尚未得到充分挖掘。

在严格保护调查对象隐私信息的前提下，如何使微观调查数据得到更为广泛的应用，并充分发挥其价值，已成为各调查机构亟待解决的重要问题。开展数据服务的目标在于，整合调查机构拥有的各类数据资源，构建数据资源共享平台，从而促进微观调查数据在政策评估、学术研究、市场分析等领域得到广泛运用，进而提升决策与研究的科学性、准确性。

西南财经大学中国家庭金融调查与研究中心（以下简称"中心"）是 2010 年成立的集数据采集、分析与研究于一体的公益性学术调研机构，自 2011 年起，每两年对中国普通家庭开展一次中国家庭金融调查（CHFS），至今已完成 7 轮全国性调查工作（包括 1 轮基线调查和 6 轮追踪调查）；自 2013 年起，每两年对中国家庭金融调查受访家庭所在地的社区（村）居委会开展一次中国基层治理调查；自 2015年起，开展中国小微企业调查（CMES）。在开展大型社会抽样调查项目的同时，中国家庭金融调查与研究中心建立了一套相对完善的数据服务机制，积累了大量有关数据服务的经验。

第二节 调查数据分类

每一次社会调查都会产生一套独特的调查数据。我们可以将这些调查数据大致分为四类：原始调查数据、并行数据、敏感数据和集成数据，以便在数据服务工作中，针对不同类型的数据，制定相应的服务制度，从而确保数据的有效管理和合理利用。

一、原始调查数据

原始调查数据主要指调查机构在开展社会调查项目时，从调查对象处收集的数据。以中心为例，其原始调查数据来源于中国家庭金融调查（CHFS）及中国小微企业调查（CMES）。调查数据可以是围绕同一主题，对同一对象开展连续性调查而产生的追踪数据；也可以是围绕特定主题，在特定时间范围内开展调查而收集的断点数据。

二、并行数据

并行数据主要指调查机构在实施社会调查期间产生的衍生数据。这些数据包括但不限于调查人员的个体信息、调查行为记录、调查对象接触记录、调查地点观察信息、其他辅助信息等。并行数据虽不是社会调查的主要内容，但对评估调查过程及调查质量具有重要价值。

三、敏感数据

敏感数据指在调查过程中产生的涉及调查对象、调查人员、辅助人员等个体的敏感信息。严格来说，这些数据也是调查数据的一部分，但在数据存储中，应单独剥离出来，作为特殊数据进行管理。

敏感数据主要包括企业、个人等调查对象的标识信息，如身份鉴别信息、资产信息、交易信息、地址信息等。这些数据一旦泄露、丢失、不当使用或未经授权获取，都可能会对社会、企业或个人造成严重危害。因此，在数据服务工作中，敏感数据必须严格保密，严禁向数据使用者提供。

四、集成数据

集成数据指从其他数据源收集的与调查主题相关的各类数据（通常是公开数据）。这些数据通过网络爬取、属性转换、清洗整合后装载到数据库中。目前，国内各类公共服务部门、研究机构、高校等，都积累了大量基础数据。但是，由于这些基础数据来源不同、记录格式不一、管理相对分散，因此数据使用者在交叉运用时会面临诸多不便。集成数据能够整合各类相关数据，为数据使用者提供一幅全面的概览图和一种统一的表现形式，既可以同时响应不同数据使用者的查询需求，又能帮助其更加便捷地使用数据进行分析、研究。

第三节　数据服务类型

目前，多数调查机构主要通过互联网平台为数据使用者提供申请、查询、下载等基础服务，也有部分调查机构针对不同类型数据使用者的多样化需求，提供更具针对性的、定制化的数据服务和指导方式。本节将从数据提供服务、数据使用服务两个方面对数据服务类型作详细介绍。

一、数据提供服务

数据提供服务指针对各类数据使用者的数据使用需求所提供的服务。根据多数调查机构公布的数据使用方式，目前主要有以下三大类：官方网站下载使用、虚拟化安全平台共享和合作研究使用。

（一）官方网站下载使用

不同调查机构虽然对公开调查数据有不同的条件，但通常会在实际调查时间满两年后，对原始调查数据作"脱敏"处理，随后向数据使用者开放。一般而言，各调查机构会在其官方网站设立专门的数据发布页面。数据使用者需要注册账号并填报个人真实信息，以便调查机构统一管理和身份识别。在账号注册成功后，数据使用者即可登录平台，申请下载所需数据。调查机构的数据管理人员须审核申请信息，在确认申请使用的数据属于可公开部分，且申请人身份背景无问题后，可直接赋予其相应的数据下载权限。

（二）虚拟化安全平台共享

随着信息化、智能化时代的不断发展，将调查数据存储于虚拟化安全平台，并采用共享形式为数据使用者提供数据服务，已成为数据管理领域的重要发展趋势。具体而言，虚拟化安全平台共享服务方式的操作流程如下：首先，将平台上可供使用的各类数据列入清单，并发布于数据申请系统；其次，数据使用者提交申请，经审核通过并获取相应权限后，方可获得平台的登录账号与密码；最后，数据使用者登录平台，查阅数据资源，并在平台所提供的安全环境中开展数据分析与研究工作。需要特别指出的是，数据使用者在数据使用过程中不得擅自将数据移出平台，以确保数据安全。虚拟化安全平台的投入使用，不仅为数据使用者提供了高效便捷的数据服务，而且能最大限度地降低数据泄露风险。

目前，国内部分调查机构已率先将虚拟化安全平台应用于实际工作中。以西南财经大学中国家庭金融调查与研究中心为例，该机构将其收集的调查数据妥善存储于虚拟化安全平台，以便于管理和共享。数据使用者若要使用尚未公开发布的调查数据，就需要在中心官方网站提交申请，同时上传有效身份证件，签署数据使用协议。中心工作人员在对申请材料进行严格审核、确认申请要求符合相关规定后，会为申请人开通账号，并提供必要的指导，协助其顺利安装相应程序并使用平台上的数据资源。

（三）合作研究使用

除了上述两种基础服务形式外，部分调查机构还针对特定专家或学者提供合作研究的途径，以便于其获取调查数据。例如，中心为一些知名专家、杰出学者提供到学术交流的机会。这些专家、学者能以合作研究者的身份，使用相应的调查数据。

二、数据使用服务

开展数据提供服务，主要目标在于满足数据使用者获取调查数据，从而开展分析、研究工作的需求。然而，这对提升数据服务的质量和效果而言是远远不够的，调查机构还需要开展数据使用服务，将传统的"以数据为导向"的服务模式转变为"以用户使用为导向"的服务模式，将传统的"以资源为中心"的服务理念转变为"以用户为中心"的服务理念①。

中心针对数据使用者的不同需求，提供了以下几类数据使用服务：咨询服务、个性化定制服务、培训交流服务和征文服务。

（一）咨询服务

咨询服务指数据使用者在数据使用过程中，如遇到问题，可以通过多种方式向调查机构求助，由调查机构负责解答。数据使用者提出的问题多种多样，可能涉及调查数据本身，也可能涉及调查项目或研究领域。解答这些问题不仅有助于数据使用者顺利开展后续工作，而且有利于调查机构优化和改进调查执行与数据服务。因此，调查机构应尽量为数据使用者提供便捷的咨询途径。咨询途径通常包括以下几种：

1. 电话咨询

数据使用者可以直接拨打调查机构中相关部门的电话进行咨询。

2. 电子邮件咨询

数据使用者可以将拟咨询的问题写入邮件，并发送给调查机构在其官方网站公布的联系邮箱，以获取答案。

3. 留言板咨询

数据使用者可以在调查机构的官方网站或申请系统中的留言板上提出问题，以获取答案。

4. 社交平台咨询

数据使用者可以在调查机构的官方微信公众号、官方微博等社交平台上留言，以获得支持与协助。

5. 现场咨询

数据使用者也可以直接前往调查机构的办公地点，寻找相关部门负责人，并咨询、探讨相关问题。

（二）个性化定制服务

个性化定制服务指调查机构在开展数据使用服务的过程中，以承接项目的方式，为有相关需求的用户提供专门服务。交付的最终成果通常以报告的形式呈现，具体内容可根据委托对象的需求进行设计。个性化定制服务的特点如下：

1. 以用户为中心

个性化定制服务以用户的具体需求为出发点，提供专门服务，确保用户的个性

---

① 张苗苗，赵捧未，范晓玉. 云环境下科技管理数据服务模式创新研究 ［J］. 情报理论与实践，2018（1）：38-42，60.

化需求得到满足。

2. 注重用户反馈

在提供个性化定制服务的过程中，调查机构要与用户保持密切沟通，就服务需求进行充分交流，制定相应的服务策略，并在服务过程中持续收集用户的反馈意见，及时调整和优化服务内容，以确保服务质量和用户满意度。

3. 对工作人员的综合素质有较高要求

调查机构的数据服务人员应当具备较高的专业水平，能够熟练掌握并运用相关知识，拥有较强的数据处理及分析能力，能够准确理解和有效响应用户需求，从而保障服务质量。

（三）培训交流服务

培训交流服务指调查机构以指导用户熟练使用其调查数据为目的，组织并邀请有意向的用户进行交流。培训交流的形式多种多样，主要包括以下几种：

1. 机构展示

调查机构安排专门人员介绍已有的调查及研究成果，并与用户交流心得，从而帮助其更好地理解和应用调查数据。

2. 召开交流会议

调查机构可以召集大量用户，召开交流会议，由不同用户展示其利用调查数据所取得的研究成果，促进同行之间的交流与学习。

3. 举办主题研究论坛

调查机构可以围绕某项主题举办研究论坛，邀请专家、学者针对调查数据的多维度特征，聚焦特定领域进行深入探讨，从而推动相关领域的研究不断取得新突破。

（四）征文服务

征文服务指调查机构在与相关期刊单位联合举办以某项课题研究为主题的论坛时，面向其用户开展论文征集活动。具体流程如下：

1. 确定选题范围

由主办方，即调查机构、相关期刊单位确定本次论坛所征集论文的选题范围，供用户参考。

2. 告知写作要求

主办方应在官方网站、微信公众号等平台及时发布征文通知，明确告知用户写作体例、文章字数、提交时间、提交方式等要求。

3. 审核论文

主办方对用户提交的论文进行审核，评估其学术研究价值。入选论文的作者将被邀请参加本次论坛，为其提供学习、交流、探讨的机会与平台。论坛上评选出的优秀论文可被推荐给相关期刊单位参与匿名评审。

第四节　数据后台管理

数据后台管理涵盖日常管控和数据维护两大板块。

一、日常管控

为确保数据的安全存储及数据申请系统、虚拟化安全平台的稳定运行，数据管理人员需要对相关资源进行定期管控。具体的管控内容主要包括流量管控、问题追踪及留言板利用。

（一）流量管控

数据管理人员需要实时监控数据申请系统的访问情况、调查数据的下载情况及虚拟化安全平台中数据资源的使用情况，适时进行流量管控，以保障整个数据服务体系的稳定、流畅运行。一旦发现流量异常或达到警戒指标，数据管理人员应立即向有关负责同志汇报，并组织排查异常情况。

（二）问题追踪

问题追踪指数据管理人员对用户在操作虚拟化安全平台、使用调查数据时遇到的问题进行全程跟踪处理。用户反馈问题的渠道多种多样，如电子邮件、数据申请系统、官方微信公众号等。数据管理人员需要对所有问题进行归类整理：对于个性问题，做好登记备案；对于反复出现的问题，应将其列入常见问题处理手册，并发布在官方网站或官方微信公众号上，以便其他用户参考。

（三）留言板利用

调查机构可以在数据申请系统中设立留言板，以便数据管理人员与用户进行沟通交流。在留言板上，用户不仅可以上传自己的问题，还能查看其他用户上传的问题及数据管理人员的反馈意见。数据管理人员应当充分利用留言板，与用户保持良性互动，这对提升用户体验至关重要。

二、数据维护

（一）官方网站发布的数据

通常情况下，调查机构在其官方网站发布的供用户下载到本地的公开数据，已经过清理，可直接使用。然而，用户在使用中仍可能发现新问题，因此数据管理人员需要对官方网站发布的数据进行及时更新。从原则上讲，官方网站仅存放最新版本的数据，而旧版本数据则备份在后台服务器上。每次更新官方网站发布的数据时，数据管理人员都需要附上详细的更新日志，以便后期查看和溯源，同时应在醒目位置告知用户数据更新情况，方便其在后续分析与研究中使用。

（二）虚拟化安全平台的数据

虚拟化安全平台中的数据须由专门团队定期进行维护，以确保调查数据的准确性和可靠性。维护工作包括数据检查、数据入库、数据更新、数据迁移及数据字典维护等方面。在用户使用数据时，虚拟化安全平台必须先对请求服务进行访问鉴权控制，即仅处理合法的访问请求。与更新官方网站发布数据的流程类似，每次更新虚拟化安全平台上的数据时，数据管理人员也需要附上详细的更新日志。此外，数据管理人员需要通过站内信或电子邮件的形式告知平台用户，以便其及时获取数据最新动态。

第四篇：调查支持篇

第四章 市直文武职官

第十章
调查财务管理

对任何一项社会调查项目而言，财务资源都是制约项目规模和调查执行方案的关键因素。总体而言，在大型社会抽样调查项目中，财务管理涵盖三个阶段的工作：调查前期的预算制定及资金筹措、调查中期的财务制度建立及资金管控、调查后期的账务处理。本章将依据这三个阶段，详细阐述调查中的财务管理工作。

第一节　调查前期的预算制定及资金筹措

一、预算制定

开展社会调查项目的首要任务是编制资金预算。对多数调查机构而言，支出通常包含调查支出和非调查支出两部分，其中非调查支出所占比重较低（通常为5%左右），因此调查支出是资金预算中的主要内容。具体而言，在编制资金预算时，需要重点考虑以下因素：待访问样本规模、样本地域分布情况、每位调查人员平均每天能够完成的访问样本量、调查质量管控需求、设备采购需求及系统开发需求等。

在大型社会抽样调查项目的筹备阶段，财务小组应会同其他职能小组，对调查项目具体实施方案进行深入沟通与交流。财务小组可依据项目组拟定的调查工作计划（见表2-1），逐项确认工作量、人力投入情况、起止时间等细节，以便精准把握每个环节所需的财务支持，构建起整个调查项目的支出框架，并为调查项目的顺利执行制订详细的预算计划。如有机会，财务小组应亲自参与绘图及调查工作，从而更加深入地了解实际经费需求。同时，财务小组应密切关注调查执行过程中可能出现的非常规变动，以便及时响应新增财务需求。

在完成对调查项目具体实施方案的沟通后，财务小组即可着手编制预算。对任何一项社会调查项目而言，在其正式实施前，各环节负责人尽管无法完全知晓每个环节的具体成本，但可以根据实际情况，对所需经费数额进行大致核算，并列出经费预算明细。财务小组负责汇总各环节负责人提交的预算，并编制整个调查项目经费预算。资金预算可以是一个近似数额，但应尽量涵盖所有列支项目，以确保预算金额与最终支出不至于出现太大差异（中途修改调查实施方案的情况除外）。需要注意的是，各环节负责人提交的预算应另外存档，用于备查。具体预算方案应涵盖以下几个方面：

（一）工资或薪酬

工资或薪酬通常是社会调查项目中的主要成本之一。具体而言，它涵盖项目组工作人员薪酬、调查人员薪酬、质控人员薪酬及其他临时聘用人员薪酬。财务小组需要事先了解每类人员的用工数量、工作时长及薪资标准，以便计算工资总额。在制订薪酬方案时，财务小组也可以参考其他社会调查项目的做法，采用基础工资与绩效相结合的方式。

（二）差旅费

差旅费在调查支出中的占比通常会超过 40%，尤其是在样本分布地域较广的调查项目中，这一比例可能会更高。差旅费涵盖调查人员往返调查地点的所有费用，包括长途交通费、住宿费、食品支出、本地交通费、通信补贴等。财务小组要与执行组充分进行沟通，获得各样本点的派出计划，据此计算每个调查小组可能需要的差旅费，并汇总得出差旅成本总额。

（三）物资采购成本

物资采购主要由后勤组负责。在大型社会抽样调查项目的筹备阶段，后勤组需要拟定物资采购及租赁清单，并对每项物资的所需数量及单价进行预估。在资金筹措到位的情况下，后勤组可以提前联系商家，在达成价格约定后，直接拟制物资采购预算申请，并提交至财务小组进行审批。

对计算机辅助调查项目而言，电子设备购买或租赁支出通常是物资采购中最大的一笔支出。目前，由于国内的调查机构逐渐开始采用移动终端进行调查，因此后勤组可以在市场上寻找可靠的租赁服务提供商。此外，后勤组还需要采购文件袋、工作服、工作证、文具、防护用品、书包等物资。

（四）印刷成本

印刷成本主要涵盖培训及调查执行过程中所需的各种资料的印制费用，这些资料包括留言条、介绍信、知情同意书、保密承诺书等。

（五）宣传成本

宣传成本主要包括调查筹备阶段的推介费用及调查执行期间的宣传报道费用。在调查筹备阶段，推介费用通常涵盖宣传资料的制作费用、与样本所在地有关单位进行联络的费用等；在调查执行期间，宣传报道费用则包括宣传小组前往各调查地点采访、记录各调查小组工作情况时的报酬及差旅支出。

（六）信息咨询费用

在大型社会抽样调查项目启动前，项目组可以就调查实施方案咨询相关学者，可以就调查执行聘请相关领域的专家担任顾问。这些举措都有助于优化项目设计、增强调查执行的针对性，并确保项目顺利实施。当然，咨询专家、聘请顾问通常需要一定费用，因此财务小组需要在与其他职能小组的沟通中，了解他们在这些方面的需求，计算可能发生的开支，并将这些成本纳入预算。

（七）商务服务费用

在大型社会抽样调查项目中，涉及的商务服务主要包括以下三个方面：

1. 保险服务

为参与人员，尤其是派出的绘图人员和调查人员购买保险，是社会调查项目中最重要的商务服务。鉴于大型社会抽样调查的样本分布广、情况复杂，且不可预知的危险随时可能发生，因此后勤组必须为所有参与人员购买保险，以确保其人身安全。

2. 通信及流量服务

督导、调查人员需要与项目组保持联系，并及时回传访问数据。因此，后勤组需要采购相应的通信及流量服务，从而保障调查执行工作的顺利进行。

3. 交通工具租赁

后勤组还需要租赁交通工具，以便接送调查人员往返火车站或长途汽车站。这不仅有助于提高调查人员的工作效率，还能增强其工作积极性与归属感。

（八）软件成本

在计算机辅助调查中，软件成本是需要重点考虑的内容，包括调查系统的采购、开发与维护费用等。目前，国内调查机构使用的系统、软件来源多样。有的调查机构从外部采购，有的则自己独立开发。但是，无论采用哪种方式，软件成本都必须考虑进去。

（九）培训成本

培训成本主要涉及培训场地的租赁费用，以及调查人员、质控人员的面试开销等。在大型社会抽样调查项目中，培训工作通常由执行组负责，这部分费用在整体预算中的占比不高。

（十）误工补偿

误工补偿包括现金补偿和物品补偿两种形式。在各类社会调查项目中，依据问卷长度和复杂程度的不同，误工补偿方式也会有所不同。一些调查机构会直接给予受访者一定金额的现金，而另一些调查机构则会选择给予家庭常用物品。在大型综合性社会调查项目中，通常采用现金补偿方式，补偿对象主要是参与调查的受访者，也包括协助调查的相关人员，如村（居）委会工作人员、受访者的邻居等。误工补偿在整体预算中通常会占 20% 左右，是财务小组不可忽视的一项支出。

（十一）应急资金

在编制资金预算时，财务小组应充分考虑调查项目实施过程中可能出现的突发情况，这些情况会导致原定计划有所调整。因此，建议预留一定比例的应急资金预算额度。通常情况下，财务小组可以按照整体预算的 10% 预留应急资金预算额度，用于弥补差旅费、误工补偿等费用的不足，以确保调查项目顺利进行。

二、资金筹措

在资金预算编制完成后，财务小组必须落实资金来源。总体来讲，调查机构开展项目的资金主要来源于以下几个方面：

（一）委托方直接支付

委托方直接支付的方式通常适用于市场类社会调查项目。由于委托方通常不具备独立开展社会调查项目的条件，但又需要获取大量高质量的数据，因此会选择委托专业的调查机构，并直接向其支付相关费用。

（二）财政拨款

财政拨款的方式主要针对政府部门、高校等开展的社会调查项目。这类项目的经费主要来源于上级拨付。政府部门、高校通常以自行组织或委托第三方的形式开展调查工作。

（三）自筹资金

在自筹资金的方式下，资金来源较为多样，但在多数情况下，调查机构可能因资金筹集不足而仅仅开展一些小规模的社会调查项目。

资金的落实与否直接关系到社会调查项目能否顺利开展。如果资金未能筹措到位，那么社会调查项目可能会推迟启动，甚至取消。因此，财务小组的职责如下：一是积极落实资金来源，确保从各种渠道获得足额资金；二是密切与资金提供方的联系，确保资金列支符合对方的规章制度，特别是在使用财政资金开展社会调查的项目中，务必做到每笔支出合法合规。

第二节　调查中期的财务制度建立及资金管控

一、财务制度建立

大型社会抽样调查工作成本高昂，资金流动复杂且金额庞大。在调查执行过程中，各地的实际情况复杂多变，各职能小组的需求各不相同，这使得调查资金的支出和审批变得尤为关键。财务小组必须严格审核资金支出及账目核销。对一些具有共性的问题，财务小组应当通过建立制度来应对和处理，具体包括以下几个方面：

（一）制定基本财务制度

由于调查人员可能缺乏调查执行经验或对调查项目经费使用规定不熟悉，因此财务小组需要制定基本财务制度，对各项支出进行系统性规范，以保障财务安全。例如，必须向调查人员明确，哪些支出符合经费管理要求，哪些支出不符合。总体来讲，财务小组需要通过建立基本财务制度来规范和管理调查执行期间的财务活动，确保各项支出合法合规，防范财务风险。

（二）建立财务支出标准

在建立财务支出标准时，财务小组应从两方面着手：一方面为各类支出制定统一标准；另一方面，根据不同调查地区的经济发展水平，制定差异化标准。例如，将样本点所在城市划分为一线、二线、三线、四线城市，分别测算各线城市的差旅支出，并设定开支上限。调查人员必须严格按照这些标准进行支出。在建立财务支出标准时，财务小组还需要综合考虑旅游淡季、旺季，大型活动举办期等可能显著影响差旅成本的特殊因素。

（三）指导罗列支出明细

在调查执行工作结束后，所有调查小组应及时向财务小组核销其账目。由于调查执行工作周期长、开支项目众多，调查人员很难清楚地记得每一笔支出，因此财务小组必须要求所有调查人员详细记录日常发生的全部费用。为此，财务小组应设计统一、规范的表格，供所有调查人员使用。表格应包含以下信息：工作时间、已完成工作量、工作地点、支出类别及金额等。费用支出记录可以根据工作时间进行每日汇总，也可以根据工作地点进行单独汇总。财务小组应指导调查人员规范记账，清晰罗列支出明细，这不仅有助于后期准确地进行财务结算，而且有助于及时掌握资金支出情况，并在社会调查项目开展的中后期预估剩余经费是否充足，以便及时申请追加预算，从而确保调查工作的顺利进行。

（四）要求取得合法凭证

在社会调查项目的经费管理中，账目核销应严格依据票据支付制度进行。具体而言，对调查执行期间的所有支出都应索取合法票据，如发票、车票等，并将其作为后期账目核销的必要凭据。通常情况下，无票或手写费用条被视为无效的支出凭证。然而，在某些调查地点，如偏远山区或经济欠发达地区，若确实无法获取相应票据，则调查人员应提前向执行组及财务小组报备。此后，执行组及财务小组将严格按照特殊事项审批流程进行批复。

（五）合规办理经费预拨

办理经费预拨需要满足以下两个前提条件：一是预算编制完成且经过财务小组审核；二是调查人员通过培训考核，获得参与调查执行工作的资格。在满足上述条件后，财务小组应及时依据每个调查小组或每个调查区域的预算申请划拨经费。经费由调查机构账户转账至督导个人账户。财务小组可提前组织督导办理银行卡，以便经费的统一划拨和高效管理。

二、资金管控

在资金管控阶段，财务小组需要完成以下三个方面的工作：

（一）财务培训

在大型社会抽样调查项目中，参与人员大多为临聘人员。为确保调查工作的顺利开展，财务人员需要在调查人员正式派出前，组织并开展关于财务制度及相关要求的培训。培训的主要内容如下：一是详细解读调查项目的财务管理制度，确保调查人员了解并严格遵守；二是结合具体案例，详细讲解实地访问过程中可能遇到的财务约束问题及其应对方案，帮助调查人员提前做好准备；三是强调违反财务制度的不良后果及相应的惩治措施，增强调查人员的合规意识。

（二）预算追加

资金预算具有动态性。这是因为在调查项目执行过程中可能出现诸多难以预见的情况，导致原预算无法满足实际需求。例如，调查实施方案调整、工作难度超出预期等，都可能导致经费短缺。为确保调查工作顺利进行，财务小组需要提前做好预算追加的准备，避免因经费不足而影响调查执行进度。在追加预算之前，财务小组需要完成以下事项：一是详细核实造成经费不足的具体原因，并请相关负责同志确认情况的真实性；二是检查经费使用情况，核实经费余额，评估预算执行进度及项目完成进度；三是根据工作进展情况、经费剩余状况、调查小组人员规模情况，编制追加预算，确保预算编制的科学性、合理性。

（三）紧急事项处理

在实地访问过程中，情况复杂多变，这可能与当地经济社会发展状况、民俗文化等因素密切相关。尽管预先制定的财务制度、相关标准已考虑到各地的特殊情况，但仍然可能不完全适用于当下的工作环境。在出现此类状况时，调查人员应及时与财务小组取得联系，并获取相应的解决方案。财务人员应保持通信畅通，第一时间为调查人员解答疑问，并提供妥当的处理方式。例如，若督导的银行卡遗失或损坏，则处理措施应由调查人员和财务人员共同设计并实施。这种协作机制不仅能确保问题得到及时解决，还能增强调查小组应对突发状况的能力。

第三节　调查后期的账务处理

调查执行工作结束后的账务处理主要围绕账目审核、设备理赔、账目核销、薪酬发放等事宜展开。

一、账目审核

调查人员通常以调查小组的形式执行外派任务，每个调查小组配备一名督导，负责队伍管理和工作安排。在调查执行工作完成后，调查小组返回出发地时，督导需要组织队员联系财务小组，进行费用报销。报销内容包括调查人员在调查执行期间的各项支出，如长途交通费、住宿费、本地交通费等差旅费用，以及支付给调查对象及协助人员的误工补偿等。财务人员在进行账目审核、票据核对和费用核算时，应严格按照前期制定的财务制度及相关标准执行。为确保财务交接工作顺利进行，财务小组需要提前规划和安排相关工作。例如，根据调查人员的规模和调查小组的预计返程时间，合理配置财务人员，以确保费用结算准确、高效。

二、设备理赔

在实地访问过程中，调查人员通常会使用能承载电子问卷、支持网络通信的硬件设备，如平板电脑。这些硬件设备是开展计算机辅助调查的重要工具，调查人员必须全程携带并妥善保管。在进行账务处理时，技术组会对每台硬件设备进行认真检查，以确定其是否损坏。若发现硬件设备损坏，则相应的使用人员应在技术组完成定损后，按照硬件设备的原价进行赔付。对某些难以直接定损的硬件设备，技术组需要将其送回原厂进行专业定损。这一过程可能耗时较长，因此相关工作需要指定的人员持续跟进。

三、账目核销

各调查小组在完成费用报销后，须将剩余经费退还至调查机构。财务小组负责对每组退还的经费进行归集，并完成经费预拨款项的账目核销等工作。

四、薪酬发放

薪酬发放指向参与调查项目的人员支付报酬。调查人员的薪酬不仅取决于完成的工作量，还取决于工作态度、数据质量等因素。因此，调查人员的薪酬数额需要由相应的职能小组在综合考评后，依据相关系数测算确定。

在办理薪酬发放事宜时，财务小组需要收集并汇总调查人员的银行账户信息、居民身份证复印件等。具体办理方式应根据调查机构或调查项目的性质来选择。

第十一章
调查系统介绍

目前，在国内外的调查机构中，计算机辅助调查已成为主流。在前面的章节中，我们多次提到利用计算机辅助调查系统开展样本采集、绘图抽样、调查执行、质量管控等工作。计算机辅助调查的优势，前文已有论述，这里不再重复。国内调查机构采用的计算机辅助调查系统来源多样。有的调查机构选择从外部购进，有的调查机构选择自主开发。本章主要基于中国家庭金融调查系统进行详细介绍。

中国家庭金融调查系统由西南财经大学中国家庭金融调查与研究中心自行研发，拥有完全自主知识产权。该系统具备问卷设计、绘图采样、样本抽取、人员招募与管理、问卷访问、质量控制等与调查执行工作相关的全部功能，在计算机辅助面访（computer assisted personal interviewing，CAPI）系统的基础上，集成了计算机辅助电话访问（computer assisted telephone interview，CATI）与计算机辅助网络访问（computer assisted web interviewing，CAWI）两种通用访问模式，并通过数据共享实现了同一样本在以上三种访问模式中的自由切换。

中国家庭金融调查系统（以下简称"调查系统"）由五大模块构成：样本控制模块、人员管理模块、调查访问模块、质量控制模块及数据处理模块（见图11-1）。

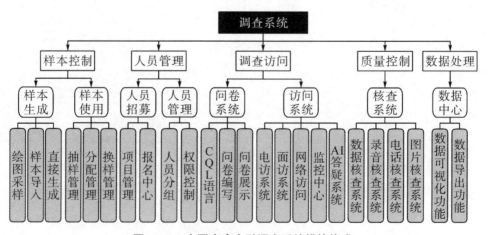

图 11-1　中国家庭金融调查系统模块构成

第一节 样本控制模块

一、样本生成

样本生成共有三种方式，即绘图采样、样本导入、直接生成。每种方式都有其特定的应用场景。

（一）绘图采样

1. 操作流程

绘图人员前往抽中的社区，录入住宅建筑物编号、具体地址、楼层数、每层住户数等信息。绘图采样系统依据录入的信息，自动采集该住宅建筑物中的所有样本，并形成末端样本框。

2. 特点

绘图采样适用于需要收集详细、准确的空间位置信息的调查项目，要求绘图人员实地走访、核实并录入相关信息。绘图采样的优点在于，其能够提供丰富、翔实的数据，从而为后续的空间分析和可视化呈现提供有力支撑。

3. 复杂度

在样本生成的三种方式中，绘图采样最为复杂，因为其涉及空间定位、实地走访、数据录入等多个环节。

（二）样本导入

1. 操作流程

绘图人员将样本清单整理为 Excel 文档并导入绘图采样系统。系统将根据 Excel 中的信息自动生成样本。

2. 特点

样本导入适用于已掌握样本清单，且清单信息较为全面、格式较为规范的情况。其操作方式较为简单，绘图人员只需整理好 Excel 文档并将其导入绘图采样系统。样本导入的优点在于，其支持批量导入，能够大幅提高工作效率。

（三）直接生成

1. 操作流程

绘图人员在绘图采样系统中指定的省（自治区、直辖市）、市、县（区、县级市）、街道（乡镇）、社区（村）等地理位置下输入需要生成的样本数量。

2. 特点

直接生成适用于需要快速获取大量样本，且对样本信息维度要求不高的场景。直接生成的优点在于操作简便，即只需输入地理位置、样本数量；缺点在于样本信息较为简单，可能不包含住宅建筑物地址、住户信息等。

在不同的社会调查项目中，项目组可根据实际情况、具体需求选择合适的样本生成方式。其中，绘图采样虽然操作复杂，但能够提供多维度的数据，这对需要详细空间信息的调查项目而言，是一个理想的选择。下面，本节将对绘图采样系统作简单介绍。

绘图采样系统主要基于末端样本采集需求而开发，也称地理信息采样系统，是一款安装在智能手机上的软件，同时支持安卓（Android）系统和 IOS 系统。绘图采样系统可以借助百度地图提供的高精度数字化影像图和矢量地图获取精准地理坐标，从而确定样本的具体位置。当样本单元为具体的地址、门牌等地理信息时，项目组在末端抽样阶段会面临两大挑战：一是我国流动人口数量庞大，现有的住户资料难以准确反映真实的居住状况；二是我国尚未建立完备的地址信息系统，因此调查地区的样本单元信息无法直接获取。鉴于此，要完成一项具有代表性的大型社会抽样调查，就必须采集到完整准确的样本单元信息，以便构建科学、合理的末端样本框，用于抽取可用样本。此外，项目组需要依据调查地区的样本单元分布情况，及时调整样本权重。

末端样本采集主要以绘制调查地区的样本单元分布图的方式进行，具体绘图方式详见第五章"实地绘图抽样"。

绘图采样系统可以辅助完成绘制社区地图、定位样本地点、采集并核实样本信息、存储及回传样本数据等多项工作。同时，该系统可在移动设备上使用。绘图采样系统界面如图 11-2 所示①。

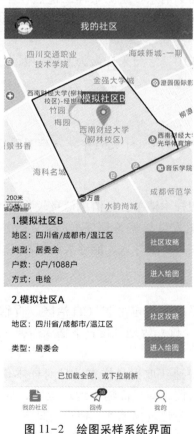

图 11-2　绘图采样系统界面

---

① 本章内容都为操作演示，非真实社会调查案例。

二、绘图采样系统

绘图采样系统中的模块主要有用户管理模块、绘制中心模块、社区同步模块、样本核户模块、数据回传模块。

（一）用户管理模块

只有被授权的人员才能登录并使用绘图采样系统。

（二）绘制中心模块

绘制中心模块是绘图采样系统中的核心模块，具有下载地图、绘制调查区域边界、编辑调查区域信息、分割调查区域、定位样本及记录样本单元信息、导航等功能，具体如下：

1. 下载地图

在绘制样本分布地图前，我们需要获取调查区域的电子地图作为底图，并在底图上画出调查区域范围，以及定位样本分布坐标点。在绘图采样系统中，我们使用百度地图 API[①] 下载地图（下载的地图在后期可离线使用）。地图下载界面如图 11-3所示。

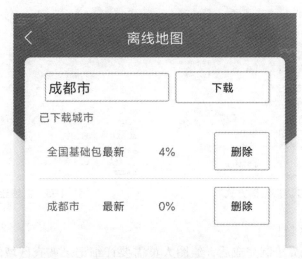

图 11-3　地图下载界面

2. 绘制调查区域边界

在地图下载完成后，绘图人员可以根据地图找到抽中的调查区域，并绘制调查区域边界。绘图有多边形绘图及曲线绘图两种方式。对边界较为规则的调查区域，绘图人员可在地图上的边界处打点，绘图采样系统会自动将各点连接成线，形成调查区域边界，此为多边形绘图方式（见图 11-4）；对边界不规则的调查区域，绘图人员可以直接在电子地图上手动画线，形成调查区域边界，此为曲线绘图方式（见图 11-5）。

① 百度地图 API 是为开发者提供的一套基于百度地图服务的应用接口，包括多种开发工具与服务，提供基本地图展现、搜索、定位、路线规划等功能。

173

图 11-4　多边形绘图方式

图 11-5　曲线绘图方式

3. 编辑调查区域信息

在调查区域边界绘制完成后，绘图人员需要详细记录调查区域的全部信息。以中国家庭金融调查为例，抽中的区域往往为一个社区或一个村落，因此记录的信息应当包括调查区域基本类型、住户情况、住宅数量、人口数量、社区联络信息等。社区信息登记界面如图 11-6 所示。

4. 分割调查区域

调查区域的范围过大，可能会给调查执行工作带来距离上的困扰，因此调查小组可以考虑对其进行分割处理。绘图采样系统就具备这项功能。绘图人员可以根据实际情况，将调查区域划分为若干区域，并利用绘图采样系统对这些子区域编号。项目组可随机抽选其中一个或几个子区域作为最终调查范围。分割调查区域界面如图 11-7 所示。

社区信息	
社区名称	模拟社区B
社区类型	○ 村委会 ● 居委会
社区总住户数	1088
社区常住户数	1000
社区总住宅数	1100
总人口数	3156
外来人口数	153
外出人口数	199
社区联系人	×××
社区联系人职务	党支部书记
社区联系人电话	
平均房价	15000
社区信息备注	无
绘图类型	● 电绘 ○ 手绘

社区拍照

保存

图 11-6　社区信息登记界面

图 11-7　分割调查区域界面

5. 定位样本及记录样本单元信息

在确定最终调查范围后，绘图人员即可进入该区域，找到样本分布地点，并在绘图采样系统中对该地点进行定位，绘图采样系统将自动识别样本分布位置。在完成对样本的定位后，绘图人员需要记录样本信息。当样本单元为建筑物时，绘图人员需要详细记录建筑物编号、实际地址、单元数量等；若样本单元为建筑物中的住户、商户或其他子单元时，绘图人员还需要记录楼层数量、每层楼的样本单元情况等。在登记完成后，绘图采样系统将汇总这些信息，并回传至后台服务器。经过以上流程，绘图人员即完成了末端样本框的编制工作，项目组就可以在此基础上开展样本抽取工作。样本单元信息记录界面如图 11-8 所示。

在记录样本单元信息时，如果遇到特殊情况，绘图人员可手动添加或删除每层楼的样本单元。在添加建筑物时，可调用摄像头，拍摄并保存照片。

6. 导航

绘图人员可以利用绘图采样系统中的导航功能，选择公共交通路线或步行路线等前往调查区域。导航界面如图 11-9 所示。

图 11-8　样本单元信息记录界面

图 11-9　导航界面

（三）社区同步模块

社区同步模块主要用于多个绘图人员在同一调查区域的合作绘图。图 11-10 展示的是由同一小组的绘图人员绘制的社区。在社区同步模块中，每位成员都可将其他成员绘制的社区地图下载到自己的移动设备中查看、编辑。社区同步界面如图 11-10 所示。

图 11-10　社区同步界面

（四）样本核户模块

在社区地图绘制完成后，绘图人员需要录入建筑物编号、单元编号、楼层编号、住户编号等信息。随后，绘图采样系统将依据这些信息自动生成家庭住户样本并进行抽样。绘图人员需要对抽中的样本进行核户，排查并剔除其中的空户。经核查无误的样本将被纳入访问样本库，以待后续调查。核户操作界面及核户结果界面分别如图 11-11 和图 11-12 所示。

图 11-11　核户操作界面

抽样标示	序号	建筑编号	单元编号	楼层	住户编号	小区名称	楼栋备注	建筑物地址	门牌号	备注	类型	拍照	核户确认
✔	1	A1	1	-1	4	模拟小区		1栋2单元	101	无	住户		是
✔	2	A1	1	-1	1	模拟小区		1栋2单元			住户		否
✔	3	A1	1	1	2	模拟小区		1栋2单元			住户		否
✔	4	A1	1	2	3	模拟小区		1栋2单元			住户		否
✔	5	A1	1	3	2	模拟小区		1栋2单元			住户		否

图 11-12　核户结果界面

（五）数据回传模块

数据回传模块主要用于绘图采样系统向后台服务器回传所采集、核查的样本信息，包括调查区域信息、样本定位信息、样本单元信息、核户信息、其他辅助信息等。数据回传模块支持断点续传功能，实时展示回传进度。数据回传界面如图 11-13 所示。

数据类型	已回传	未回传
社区信息	49	0
住户信息	20	0
核户信息	0	0
附件数据	6	0

图 11-13　数据回传界面

三、样本使用

样本使用是样本控制模块中极为重要的功能，它涉及对所有样本的有效管理。

（一）抽样管理

抽样是实地访问前的关键性工作。在抽样管理中，样本被分为三类：直抽样本、备用样本、未抽样本。

1. 直抽样本

直抽样本指直接分配给调查人员进行访问的样本。

2. 备用样本

备用样本指用于替代的样本。当直抽样本无法用于实地访问时，调查人员可以申请将其更换为备用样本，以便继续开展实地访问工作。

3. 未抽样本

未抽样本指尚未被抽中的样本，其保留在访问样本库中。

调查系统支持的抽样方式包括随机等距抽样和指定样本编号抽样。抽样管理界面如图 11-14 所示。

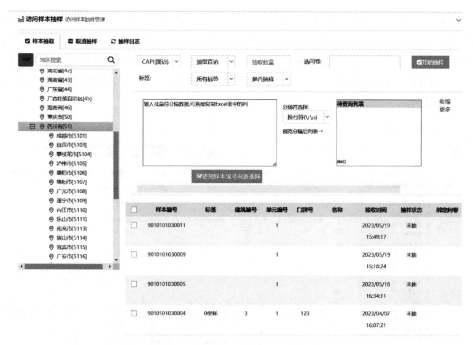

图 11-14 抽样管理界面

（二）分配管理

分配管理功能能够确保样本被合理地分配给调查人员，并对其实时访问状态进行管控。访问方式不同，则分配管理也会有所差异。

1. 电访

在电访，即电话访问过程中，对调查人员的访问样本数量设置阈值后，调查系统将自动分配样本。

2. 面访

在面访过程中，调查系统将采取两级分配方式。首先，项目组将调查区域的实地访问任务分配给指定的调查小组；其次，该调查小组的督导将具体样本分配给指定的调查人员。

3. 网访

在网访，即网络访问过程中，项目组可以向受访者群发问卷链接，而无需分配样本。

项目组将样本状态分为待分配、待访问、成功访问、二次访问、失败替换等，以便于进行统一管理。分配管理界面如图 11-15 所示。

（三）换样管理

由于实地访问的复杂性，部分抽取样本可能无法用于调查执行。换样管理功能允许调查人员使用同一调查区域的样本作为补充，以确保调查项目顺利进行。访问方式不同，则换样管理也会有所差异，后续将对此作详细介绍。

（四）使用统计

为了全面展现调查执行工作的进度与效果，调查系统针对不同调查区域、不同

179

访问方式、不同调查小组的样本使用情况进行详细统计。统计数据包括原始配额、当前目标量、成功量、待访量、备用量、换样量、已抽样量、未抽样量、冻结量、删除量、作废量等。这些数据为项目组提供了实时的调查执行情况概览，有助于其及时发现问题、调整策略，从而确保调查项目的顺利开展。样本使用统计界面如图 11-16 所示。

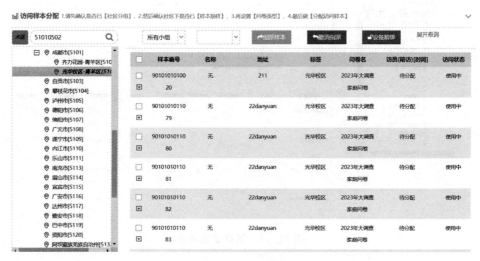

图 11-15　分配管理界面

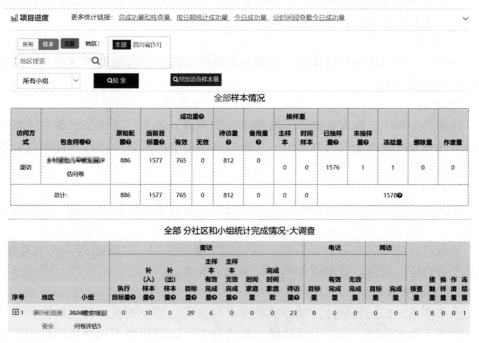

图 11-16　样本使用统计界面

第二节 人员管理模块

为了确保大型社会抽样调查项目有序、高效开展，中心在调查系统中设置了人员管理模块。该模块支持报名、面试、培训等操作。项目组通过该模块为项目参与人员指定身份，如绘图人员、绘图督导、调查人员、调查督导、质控人员、质控督导等。这些人员凭借调查系统分配的账号，分别进入绘图采样系统、访问系统或核查系统，进而完成工作任务。

一、人员招募

在开展大型社会抽样调查项目前，项目组需要及时在调查系统中发布人员招募公告。报名中心界面如图 11-17 所示。

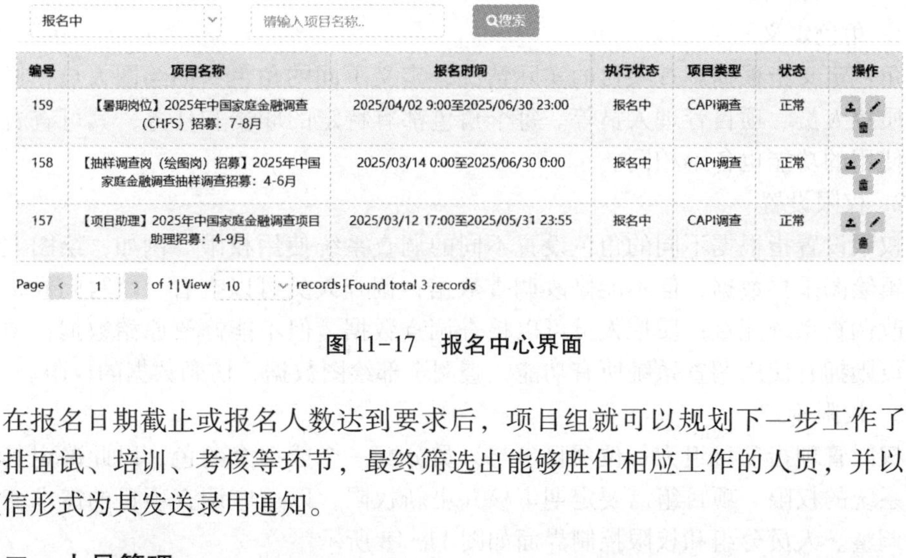

编号	项目名称	报名时间	执行状态	项目类型	状态	操作
159	【暑期岗位】2025年中国家庭金融调查（CHFS）招募：7-8月	2025/04/02 9:00至2025/06/30 23:00	报名中	CAPI调查	正常	
158	【抽样调查岗（绘图岗）招募】2025年中国家庭金融调查抽样调查招募：4-6月	2025/03/14 0:00至2025/06/30 0:00	报名中	CAPI调查	正常	
157	【项目助理】2025年中国家庭金融调查项目助理招募：4-9月	2025/03/12 17:00至2025/05/31 23:55	报名中	CAPI调查	正常	

Page 1 of 1 | View 10 records | Found total 3 records

图 11-17 报名中心界面

在报名日期截止或报名人数达到要求后，项目组就可以规划下一步工作了，包括安排面试、培训、考核等环节，最终筛选出能够胜任相应工作的人员，并以邮件或短信形式为其发送录用通知。

二、人员管理

在大型社会抽样调查项目中，对录用的项目参与人员进行分组和权限控制是至关重要的环节。这不仅有助于确保相关工作有序推进，还能保障调查数据的安全性和可靠性。通过对人员进行合理分组，项目组能够明确参与人员的职责和任务，从而提高工作效率；而权限控制则能确保调查数据在不同层级和环节中安全共享，防止数据泄露或误用。这种精细化的管理方式，对提升整个调查项目的数据质量和执行效果具有重要意义。

（一）人员分组

1. 任务分组和地域分组

（1）任务分组。根据调查项目中任务的待完成情况，结合项目参与人员的个人意愿和专业技能，我们可以将他们归入不同的小组，如绘图小组、面访小组、电访小组、质控小组、通用小组。

（2）地域分组。根据项目参与人员的工作地区，我们可以将绘图人员、调查人员和质控人员归入不同的地域小组，如××省组、××市组。

2. 分组目的

（1）方便管理。按照任务、地域对项目参与人员分组后，项目组能够更加清楚地了解工作进展情况，以便及时提供指导。

（2）提高效率。分组后，同一小组内的成员可以共享资源和信息，减少沟通成本，提高工作效率。

（3）把控质量。按照任务、地域对项目参与人员进行分组，有助于确保每项任务、每个区域都有专人负责，从而增强调查执行工作的连续性和一致性。

3. 分组实施

分组实施指在人员管理模块下创建小组、管理小组，并为每个小组指定负责人，明确其职责和权限。

（二）权限控制

1. 角色定义

角色定义指根据调查项目的实际情况，定义不同的角色，如绘图人员、调查人员、质控人员、项目管理人员等。每个角色都有特定的职责和任务，其可查看的数据、使用的功能也各不相同。

2. 权限设置

权限设置指根据不同的角色设置不同的调查系统使用权限。例如，绘图人员可以编辑绘图采样数据，但不能修改调查数据；调查人员可以查看、填写问卷，但不能修改调查系统配置；质控人员可以核查调查数据，但不能修改原始数据；项目管理人员则拥有使用调查系统所有功能，查阅全部绘图数据、访问数据的权限。

3. 权限管理

权限管理指项目组为每位项目参与人员分配一个或多个角色，以此确定其使用调查系统的权限。项目组需要定期审核并更新权限，以适应调查项目的需求变化及人员调整。人员分组和权限控制界面如图 11-18 所示。

图 11-18　人员分组和权限控制界面

第三节　调查访问模块

一、问卷系统

在计算机辅助调查项目中，问卷大多是在笔记本电脑、平板电脑、手机等移动终端上呈现并填写的。在大型社会抽样调查项目正式启动前，问卷设计人员需要实现问卷电子化。

（一）CQL 语言

中国家庭金融调查问卷编写语言（CHFS Questionnaire Language，CQL）由中国家庭金融调查与研究中心自主研发，具备独立智能的集成开发环境并支持多种数据库。中心的问卷系统编写界面如图 11-19 所示。

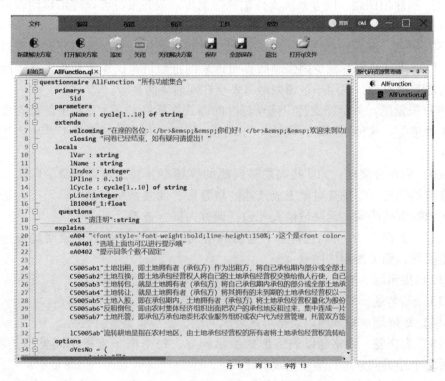

图 11-19　中心的问卷系统编写界面

中心的问卷系统具有如下优点：

1. 支持设计多种类型问题

中心的问卷系统具有目前国内外大多数问卷系统的基础功能，支持多种题型的编辑，具体包括：

（1）单项选择题。在单项选择题中，虽然题目提供多个选项，但调查对象只能选择一个答案。

（2）多项选择题。多项选择题中包括多项选择题和限项选择题两种题型。多项选择题允许调查对象选择多个答案，而限项选择题则限制了可选择的答案数量。

（3）填空题。填空题中包括文字填空题及数值填空题。问卷系统规定了字符数和数值范围，限制调查人员的填答内容，避免出现误差。例如，手机号码必须是 11 位数字。

（4）量表。量表部分包括矩阵量表（李克特量表）、语义差异量表等。这些量表用于评估调查对象的态度、意见或感受。

（5）联动选择题。联动选择题即多个选择题相联结，后一问题的选项设置由前一问题的填答内容决定。例如，省、市、县的地址选择及年、月、日、时、分的时间选择。

（6）表格题。每张表格即为一道题目，便于一次性展示多个相关问题，能够有效减少问卷的题量。

（7）图片拍照题。问卷系统支持拍照并上传。调查人员可以使用移动设备拍摄所需图片，并将其作为答案。

（8）哑题。哑题包括两种：非必答题与逻辑判断题。非必答题允许调查对象不回答，以尊重其意愿并减少因强制回答而带来的抵触情绪；逻辑判断题基于问卷系统的内部逻辑设计，仅用于逻辑判断，不会在问卷界面显示。

（9）矢量题。矢量题支持以拖动刻度的方式选择答案，主要用于衡量态度、程度等主观感受。这种题型通过视觉化的刻度，使调查对象能够更加清楚地表达自身的感受。

（10）隐藏答案题。为了提高隐私问题的答题率并减少调查对象的顾虑，可以使用隐藏答案题。当调查对象完成该题的填答后，问卷系统自动跳转至下一题，使得该题的答案被隐藏，无法被他人（包括调查人员）查看。

（11）排序题。在可以选择多个选项的情况下，若需要调查对象明确表述各选项的重要性，则可使用排序题。

（12）提示题。提示题用于提示或指导调查对象，无须回答。

（13）签名题。签名题可以实现在平板电脑等移动设备上手写签名。

（14）矩阵题。矩阵题以表格形式展示问题，便于收集多组数据。

（15）表格题。表格题以表格形式展示问题，每个格子支持不同类型的题型，便于对多个相关问题进行集中呈现和比较。

（16）一页多题。一页多题指在单个页面展示多道题目。这种方式有助于提高调查效率，便于调查对象在不同问题之间进行快速切换和对比。

（17）图片题。图片题支持在题干或选项中插入图片，以增强问卷的视觉效果和信息传达能力。

（18）欢迎语和结束语。欢迎语和结束语是问卷开始和结束时的提示性语句，用于引导调查对象进入、结束调查，提升其受访体验。

（19）打分题。打分题支持选择一颗星或半颗星的评分方式，用于收集调查对象的主观评价。

2. 支持长问卷及复杂逻辑

在某些大型综合性调查项目中，由于数据使用者需要了解调查对象多方面的情况，因此设计的问题会较为复杂。例如，可能需要对家庭中的每个成员就同一组问题进行循环询问，甚至进行二层、三层嵌套循环询问或交互组合循环询问。又如，可能需要根据前面若干问题的回答情况来确定是否询问下一道问题或下一个模块。再如，可能会对某些问题指定答题比例。中心的问卷系统在设计初期就提出了支持长问卷及复杂逻辑的搭建要求。

3. 支持导入数据

支持导入数据功能主要针对追踪调查问卷设置。对于追踪调查项目，调查对象的某些基础信息已在往期社会调查中获得。当调查人员需要确认这些信息是否发生变化，或者将其作为样本识别条件时，问卷界面就需要准确加载往期信息。对此，中心的问卷系统提供了参数（parameter）命令模块，专门用于数据导入、加载及呈现。

4. 支持问卷效果实时预览

在问卷编写过程中，题目的准确性、逻辑的合理性往往是问卷设计人员最为关心的问题之一。对长问卷来说，出现错误的概率会大大增加。传统的电子问卷编写工作模式如下：编写→部署→测试→修改→重新部署→再测试……，极大地影响了工作效率。中心的问卷系统支持效果实时预览，使得问卷设计人员可以随时将未完成的程序转化为网页界面，实时查看问卷效果并纠正编写错误。问卷效果实时预览界面如图 11-20 所示。

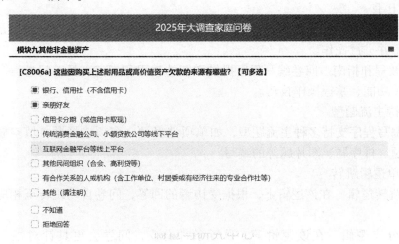

图 11-20　问卷效果实时预览界面

5. 支持问卷模块化编写

对于由多个主题组成的问卷，中心的问卷系统支持模块化编写。在编写问卷时，问卷系统会将某些模块拆分为若干子模块。每个子模块可以单独成为一份子问卷。问卷设计人员通过在主问卷逻辑界面编写各子模块的逻辑关联程序，将这些子模块串联起来，从而形成一份完整的电子问卷。

6. 随时获取某一指定问题的答案

在问卷设计中，某些问题需要将前面问题的答案作为陈述。中心的问卷系统支持截取问卷中任一问题或多个问题的答案，并将其作为后续问题的题干组成部分，使提问更为清晰明确。

7. 支持答案计算及问题填答校验

中心的问卷系统可以根据调查执行需要，一方面设置答案计算程序，如总体收支计算程序、借贷利息计算程序等；另一方面支持答案校验程序，当调查对象的回答与前面的填答发生逻辑冲突，或者不符合事先设定的合理指标时，问卷系统会及时提醒调查人员进行确认，以尽量减轻实地访问过程中由调查人员自行判断答案合理性的负担。

8. 可及时修正逻辑问题并导出全部答案

在计算机辅助调查中，若调查人员或调查对象填答错误，导致出现逻辑问题，则调查人员可以返回出现错误的位置，重新开始填写并纠正逻辑路径。此时，系统不会自动覆盖或删除错误路径上的已有信息。在完成实地访问并导出数据时，问卷系统支持自动识别正确路径，只允许后台工作人员导出正确答案，从而减少后期数据清洗的工作量。若有需要，问卷系统也支持导出全部答案。

（二）问卷编写

在计算机辅助调查中，为了降低问卷编写的难度并提高工作效率，调查访问模块除了设置 CQL 语言的编写器外，还提供简单、易操作的问卷编写程序。这种问卷编写程序具有以下特点：

1. 易上手

（1）界面友好。问卷编写程序拥有直观、简洁的用户使用界面，即使是新手也能快速熟悉并进行操作。

（2）教程和指南。问卷编写程序提供详细的教程和指南，帮助问卷编写人员快速熟悉相关功能、掌握操作技巧。

2. 支持主流题型

问卷编写程序支持多种主流题型，如单项选择题、多项选择题、填空题、矩阵题、评分题、排序题、图片题等的编写。

3. 简单逻辑跳转

（1）跳转逻辑。在该逻辑下，根据受访者的回答，问卷自动跳转至相应的问题或页面。

（2）分支逻辑。在该逻辑下，设置条件分支，问卷会更具针对性、更加个性化。

（3）过滤逻辑。在该逻辑下，通过预设条件，不符合要求的受访者或答案将被过滤掉。

问卷编写程序的使用，能够大大降低问卷编写的难度，提高社会调查项目的质量和效率。

（三）问卷展示

访问方式不同，则问卷展示方式也会有所差异。在面访中，调查人员与受访者面对面交流，问卷通常通过移动设备，如手机、平板电脑进行展示；在电访中，调查人员通过电话与受访者交流，问卷解析通过网页进行（见图 11-21）；在网访中，受访者通过邮件、短信或社交媒体收到问卷链接，点击链接就可以访问指定页面并填写电子问卷，问卷通过网页进行展示。

图 11-21　网页版问卷解析

在面访中，问卷展示具有以下特点：

1. 良好显示

问卷以适合阅读的形式展示给调查人员。界面采用响应式设计，能够在不同设备和不同尺寸的屏幕上显示出来，确保调查人员在各种设备上都能顺畅操作。

2. 数据录入

调查人员根据受访者的回答，在设备上直接选择或输入答案。这些答案会被实时记录并存储在服务器中。

3. 逻辑跳转

如果问卷设计中有逻辑跳转，那么问卷系统会根据受访者的回答自动跳转至相应的问题或页面，从而确保调查执行工作顺利进行。

二、访问系统

在社会调查项目中，项目组可以根据调查对象的实际情况选择合适的访问方式，以最大限度地提高调查对象的接受程度。中国家庭金融调查系统允许调查人员在调查执行过程中切换访问模式，实现同一样本在 CAPI、CATI、CAWI 三种访问模式中的自由切换。切换后，已填答的数据会自动保存，并转移至新的访问模式中，以便调查人员继续完成剩余问题。访问模式切换机制如图 11-22 所示。

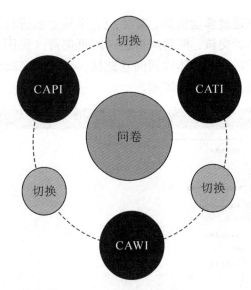

图 11-22　访问模式切换机制

（一）面访系统

面访系统的全称为计算机辅助面访（computer assisted personal interviewing, CAPI）系统。该系统主要为支持面对面访问需求而开发，以移动终端为操作平台，为调查项目提供高效便捷的支持，是调查系统的核心组成部分。

面访系统可以根据调查执行需求，加载由服务器下发的样本，获取调查问卷，记录、存储并实时回传调查数据。

面访系统中的主要模块有登录模块、地图模块、样本模块、数据回传模块、设备归还模块、其他辅助功能模块。

1. 登录模块

登录模块的主要功能是限定使用人员，确保只有项目参与人员才能登录。不同角色的项目参与人员登录面访系统后，其权限会有所不同。以调查人员和调查督导两种角色为例，调查督导相较于调查人员，增加了管理样本和审核替换样本的权限。

2. 地图模块

地图模块为调查人员查看所分配调查区域中的样本分布情况提供便利（见图 11-23）。具体而言，地图模块具备以下功能：

（1）样本位置查找。调查人员可通过地图查找分配给自己的样本位置，确保准确找到目标地点。

（2）导航。地图模块提供导航指引，帮助调查人员快速找到调查样本，避免找错地点。

（3）团队位置追踪。这项功能能使调查人员查看同组其他成员的当前位置，有助于团队协作、确保人身安全。

3. 样本模块

样本模块是面访系统中的核心模块之一，主要用于向调查人员展示分配给其的样本。调查人员在样本列表中点击相应样本，即可进入该样本的访问界面，进而开始调查执行工作。在进入访问界面后，样本模块就开启调查数据存储、调查对话录音、样本接触情况记录、样本更换判断等功能。同时，在访问界面，调查人员可查看自己的样本接触、更换情况，任务完成情况等。样本列表界面如图11-24所示。

图11-23　地图模块界面

图11-24　样本列表界面

当调查对象无法接受访问时，调查人员需要在面访系统中记录样本接触情况。根据事先约定的换样规则，如果样本满足更换条件，那么面访系统会自动启动换样流程。换样申请将通过面访系统实时回传至后台。质控人员可以通过换样管理界面进行审核。若换样申请得到同意，则面访系统从访问样本库中选取新样本以替换旧样本，并将其下发给相应的调查人员。具体操作如下：

（1）记录样本接触信息。调查人员每次接触调查对象时，都需要在面访系统中记录样本接触情况、接触时间、调查人员信息等（见图11-25）。

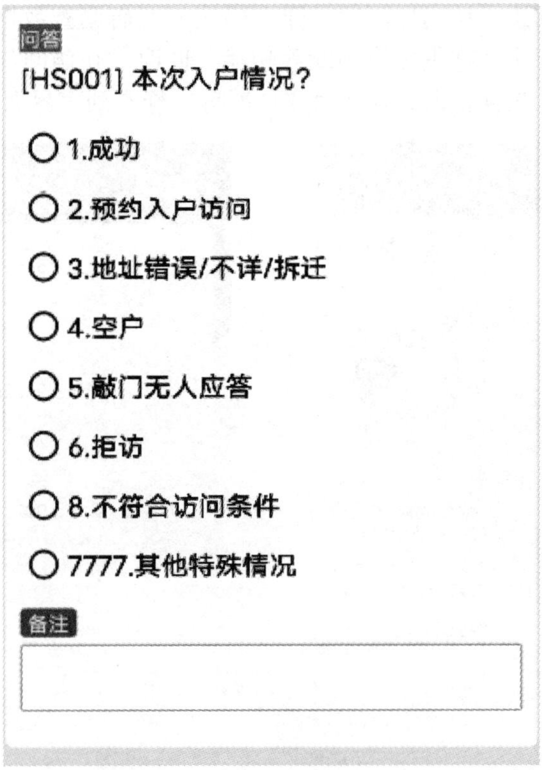

图 11-25 填写接触记录界面

（2）面访系统判断并提示换样。当样本达到事先设定的更换条件时，面访系统会自动提示调查人员换样（见图11-26）。调查人员应根据实地访问情况，科学评估该样本是否仍有争取的可能性。若成功概率极低，则调查人员可以发起换样申请；若换样条件未满足，则面访系统会拒绝进入换样流程。

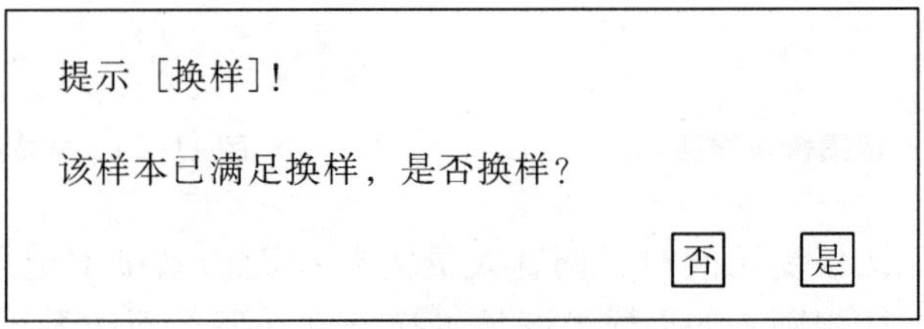

图 11-26　换样提示界面

（3）填写换样申请。在面访系统中发起换样申请后，调查人员需要详细记录样本接触情况及更换原因，以便后台质控人员及时掌握。换样申请界面如图 11-27 所示。

（4）调查督导审核换样。调查人员提交的换样申请首先会被其所在调查小组的督导接收。此时，调查督导需要严格履行监督职责，根据实地访问的现场情况判断该样本是否确实需要更换，杜绝调查人员随意换样的现象，避免样本的代表性受到影响。调查督导换样审核界面如图 11-28 所示。

大／型／社／会／抽／样／调／查／实／务

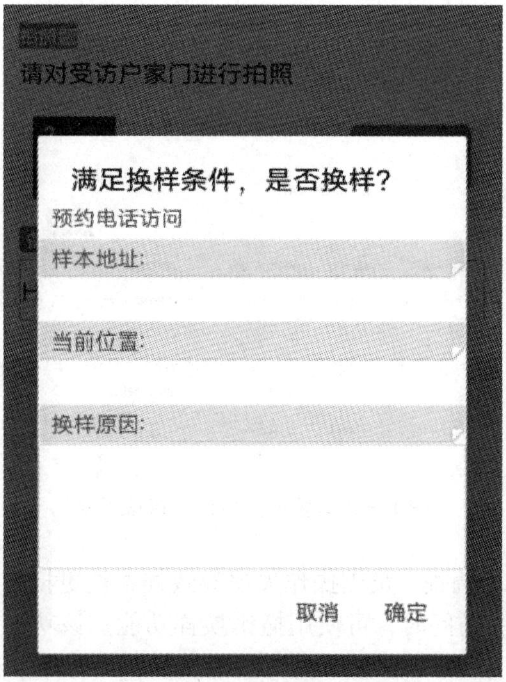

图 11-27 换样申请界面

督导换样

督导换样审核 督导日常换样审核...

请选择审核状态 ∨　　　请选择组员 ∨

输入样本编号查找　　　　Q查询

审核操作	详情	旧样本编号	新样本编号	申
审核	⊞	903010101250024		3
审核	⊞	902250065		3

页码 ‹ 1 › 总页数 1

单页 10 ∨ 条

总记录 2 条

图 11-28 调查督导换样审核界面

（5）质控人员审核换样。在调查督导同意后，换样申请将上传至后台服务器，由质控人员负责最终审核。质控人员换样审核界面如图 11-29 所示。

图 11-29　质控人员换样审核界面

（6）撤销换样。当调查人员因操作失误导致样本被更换，且在后续工作中发现被换样本仍然愿意接受访问时，可使用撤销换样功能。该功能的主要作用是将被换样本恢复为正常可访问状态，以便调查人员继续接触并访问。若新样本尚未被接触，则其在撤销后将退回至访问样本库；若新样本已被接触，则无法撤销。

4. 数据回传模块

在每份样本完成访问后，调查人员可以进入面访系统的数据回传界面，将数据回传至后台服务器。回传的数据包括问卷数据，如问题答案、接触记录、调查人员的观察信息、抽象数据类型（ADT）；文件数据，如错误日志；附件记录，如录音、图片、视频；其他特殊数据。数据回传支持断点续传功能，可实时展示回传进度，确保数据传输的完整性和稳定性。数据回传界面如图 11-30 所示。

5. 设备归还模块

设备归还模块主要有两大功能：

第一，数据检查与回传功能。在设备归还前，面访系统将自动检查设备内是否存在未回传的数据。若存在未回传的数据，面访系统将提示调查人员进行补充回传，确保所有调查数据完整上传至后台服务器。

第二，设备状态更新功能。在调查数据全部回传后，面访系统将自动与后台的设备管理系统相连接，将该设备的状态更新为"已归还"。

6. 其他辅助功能模块

其他辅助功能模块用于展示面访系统的基本信息，主要包括督导分配、流量统计、版本信息、帮助提示等。

（1）督导分配。调查督导可以在面访系统中完成以下操作：分配样本、审核样本更换申请、编辑其负责的调查区域的相关信息。督导分配界面如图 11-31 所示。

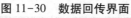

图 11-30 数据回传界面

图 11-31 督导分配界面

（2）流量统计。流量统计功能用于对面访系统的流量消耗情况进行分类统计，具体包括当日 Wi-Fi 流量、当日数据流量、当日消耗流量、当月 Wi-Fi 流量、当月数据流量、当月消耗流量等。流量统计界面如图 11-32 所示。

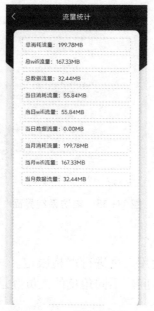

图 11-32 流量统计界面

193

（3）版本信息。调查人员登录面访系统后，可在设置界面查看版本信息，进行版本管理。版本管理功能用于检测调查人员当前使用的调查问卷、面访系统是否为最新版本。若版本并非最新，则面访系统将自动弹出更新提示。更新提示分为强制更新和非强制更新：

①强制更新。当调查人员在联网状态下登录面访系统时，系统将自动进行更新，并在完成后才允许进入。

②非强制更新。在非强制更新状态下，面访系统允许调查人员自行选择是否进行更新。

（4）帮助提示。帮助提示功能主要用于新手引导。首次登录时，面访系统会自动引导调查人员进行操作，帮助其熟悉使用流程。调查人员可以根据自身需求，开启、关闭或重新启用该功能。

（二）电访系统

电访系统的全称为计算机辅助电话访问（computer assisted telephone interview，CATI）系统。该系统主要为支持使用电话进行访问而开发，其运行环境如下：操作系统为 windows 7 及以上版本，浏览器为 IE10 或更高版本，开发语言为 C#。电访系统主要包括登录模块、访问模块、样本模块等。电访系统界面如图 11-33 所示。

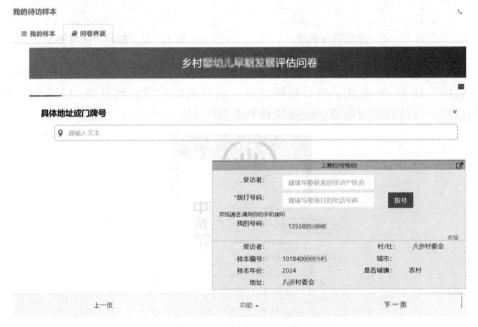

图 11-33　电访系统界面

1. 登录模块

登录模块对电访系统的使用人员进行严格限定。只有获得授权的项目参与人员才能登录系统，并开展电话访问。不同角色的人员登录后，可使用的功能各不相同。

2. 访问模块

访问模块为电访系统的核心，包括问卷系统、呼叫控制系统两大组成部分。

（1）问卷系统。问卷系统通过网页浏览器展示调查问卷，并自动记录题目答案及操作记录。

（2）呼叫控制系统。呼叫控制系统是为电访系统搭建的专用呼叫中心，集成了呼叫系统插件。该插件支持拨打电话、挂断电话等操作，并可对通话进行录音。

3. 样本模块

样本模块具有以下功能：查询、统计样本，分配样本，审核替换样本，冻结样本。

（1）查询、统计样本。该功能用于查询、统计调查项目中全部待访问样本和已访问样本的相关信息，并进行展示。对于已接触的样本，调查人员可展开其列表以查看所有接触记录。

一方面，电访系统支持多种查询条件，具体如下：以样本替换状态为查询条件，可筛选有效样本、替换样本、初始样本；以样本接触状态为查询条件，可筛选已接触样本、未接触样本；以样本接触结果为查询条件，可筛选预约样本、待审核样本、成功样本，其中待审核样本为特殊样本，需要经质控人员审核后才可进行后续操作。

另一方面，电访系统能够根据项目参与人员的不同角色提供差异化的统计服务，如调查人员可以统计本人当日的成功访问数量，质控人员可以统计各调查小组在不同日期的成功访问数量。查询、统计界面如图11-34所示。

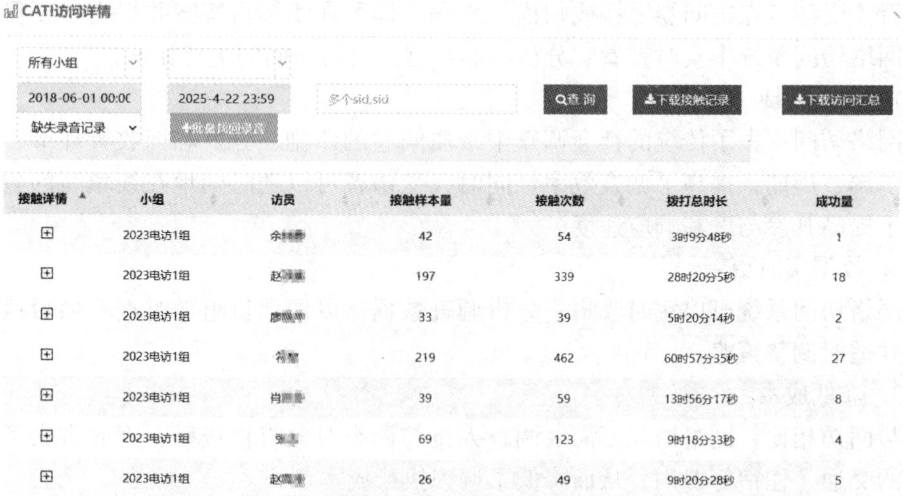

接触详情	小组	访员	接触样本量	接触次数	拨打总时长	成功量
⊞	2023电访1组	余☒☒	42	54	3时9分48秒	1
⊞	2023电访1组	赵☒☒	197	339	28时20分5秒	18
⊞	2023电访1组	廖☒☒	33	39	5时20分14秒	2
⊞	2023电访1组	符☒	219	462	60时57分35秒	27
⊞	2023电访1组	肖☒☒	39	59	13时56分17秒	8
⊞	2023电访1组	张☒	69	123	9时18分33秒	4
⊞	2023电访1组	赵☒☒	26	49	9时20分28秒	5

图11-34　查询、统计界面

（2）分配样本。分配分为自动分配和手动分配两种方式。由于电访具有一定的特殊性，主要依赖语言交流，因此项目组需要充分考虑方言问题。电访系统在自动分配样本时，会优先将样本分配给熟悉该区域方言的调查人员；项目组在手动分配样本时，可查询指定样本，并将其分配给指定调查人员。

（3）审核替换样本。审核替换样本功能主要用于对每个样本的每次接触结果进行管理。特殊样本须经质控人员审核后才可进行后续操作。后续操作分为替换和退回两种形式：替换即根据换样规则，使用新样本替换旧样本，且旧样本不再用于访问；退回即样本可以再次被电访系统或质控人员分配，以便用于继续访问。

替换包括自动替换和手动替换两种方式。替换条件需要由项目组根据实际情况设定，并在电访系统中配置、修改。自动替换由样本接触结果决定，而手动替换是质控人员在审核样本时进行的操作。例如，受访者拒绝访问达到 3 次时，就会触发自动替换机制。自动替换条件一旦达到，则电访系统将依据预设的换样规则，从访问样本库中选取新样本，以替换旧样本。

（4）冻结样本。冻结样本指将样本设置为经过一段特定的时间才可以被分配。这一流程通常由电访系统自动处理。例如，在首次接触中，如果样本拒绝访问或住户无人应答，则电访系统会自动冻结该样本，并设定该样本在 3 个小时后才能再次用于访问。这种机制旨在避免调查人员在短时间内频繁接触同一样本，从而减少对受访者的打扰，进而提高调查执行的成功率和受访者的配合度。

若要解除样本的冻结状态，使其能够重新被分配，则质控人员需要解冻样本。根据实际情况，这一操作可由质控人员手动完成，也可由电访系统在冻结时间到期后自动处理。

（三）网络访问

网络访问的全称为计算机辅助网络访问（computer assisted web interviewing, CAWI）。网络访问通过短信、邮件、社交媒体平台等，将问卷链接或二维码发送给受访者。受访者点击问卷链接或扫描二维码，即可在线填写答案并提交。项目组可以在网络访问系统中实时查看、分析问卷数据。网络访问的优势如下：

1. 高效便捷

网络访问省去了传统的社会调查中纸质问卷的印刷、分发和回收等环节，大大缩短了调查周期，提高了调查效率。同时，受访者可以随时随地在线填写问卷，这有助于提高其参与度和响应速度。

2. 数据实时更新

网络访问系统可以实时收集、分析调查数据，以便项目组随时查看项目执行进度，并适时调整策略。

3. 降低成本

与面访相比，网络访问不需要调查人员与调查对象直接接触，因此省去了调查人员的交通、住宿等费用，从而降低了调查执行成本。

（四）监控中心

监控中心借助先进的大屏技术，为项目组打造了一个直观且全面的信息展示平台。监控中心能够动态展示样本、调查人员、实地访问等方面的详细情况，确保项目组实时掌握调查执行工作的进展。监控中心的主要功能如下：

1. 实时追踪样本状态

监控中心能够实时展示调查人员上报的样本接触状况，包括成功与否、接触详情等，同时追踪调查数据的回传状态，确保动态更新且准确无误。

2. 动态监控数据请求

监控中心能够实时反馈调查人员对样本的处置请求，帮助项目组及时了解调查人员的工作诉求，从而确保相关需求得到迅速满足，相关问题得到妥善处理。

3. 实时位置更新

监控中心能够实时追踪调查人员的位置变动情况，有助于项目组掌握其工作动态和行程轨迹。

4. 访问进度可视化

监控中心以趋势报表的形式实时呈现访问进度，使项目组能够第一时间掌握调查执行工作的进展和成效。

此外，监控中心具有地理信息展示功能。点击"省市进度"中的行政区域名称，监控中心可逐级加载省（自治区、直辖市）、市、县（区、县级市）、街道（乡镇）、社区（村），并自动展示该行政区域内成功访问样本的分布情况，高亮显示行政区域边界并定位至该行政区域。这一功能不仅有助于增强调查数据的可视化效果，还有助于增强项目组管理决策的科学性和时效性。

点击"小组进度"中的调查小组名称，监控中心可加载该组的成员列表，并自动在地图上展示全部调查人员的位置分布情况，同时定位至其所在的调查区域。点击调查人员的姓名，监控中心会播放其行走轨迹。

（五）数据服务人工智能（AI）答疑系统

数据服务 AI 答疑系统是一个结合了大语言模型与问卷调查领域语料库的智能系统。该系统利用深度学习技术、自然语言处理技术，对海量问卷和实地访问中的常见问题及其答案进行训练，从而在调查人员遇到难题时为其提供智能解决方案。AI答疑系统界面如图 11-35 所示。

图 11-35　AI 答疑系统界面

第四节 质量控制模块

一、数据核查系统

数据核查系统是一种专门用于提升调查数据质量的工具。该系统能够基于事先设定的标准，集中筛选出异常样本，并将核查任务分配给具体的质控人员，从而提高调查数据核查效率。

（一）异常样本筛选

数据核查系统支持事先设定一系列标准，以实现自动筛选、识别异常样本的功能。这些标准包括但不限于以下内容：

1. 对 DK、RF 比例过高的样本判定为异常

数据核查系统能够计算问卷中答案为"不知道"（DK）或"拒绝回答"（RF）的题目的比重。当 DK、RF 的比重超过事先设定的标准时，该样本将被标记为异常。

2. 对填答时间过短的样本判定为异常

数据核查系统可以记录每个样本完成实地访问的时间，并据此判断是否存在填答时间过短的情况。如果填答时间过短，则意味着调查人员或调查对象可能没有认真阅读、理解相关问题。

（二）数据核查任务分配

在确定了需要核查的样本后，质控督导可以通过数据核查系统将这些任务分配给具体的质控人员。质控督导在分配数据核查任务时，既可以选择手动操作，又可以选择由数据核查系统自动安排，以确保数据核查任务高效完成。

（三）数据核查方式自主选择

质控人员在接到数据核查任务后，可以根据自己的工作习惯选择具体的数据核查方式。数据核查系统支持以下两种数据核查方式：

1. 根据问题顺序进行核查

质控人员可以按照问卷中问题的顺序，逐一对每个数值进行核查。

2. 根据跳转逻辑进行核查

质控人员可以在浏览问卷章节、题目的基础上，快速定位至可能存在问题的地方，实现题目间的快速跳转。这种方式特别适用于针对异常值的快速核查。

此外，数据核查系统提供了高亮显示异常值、自动计算统计指标等功能，以辅助质控人员快速开展数据核查工作。

二、录音核查系统

录音核查系统是一种专为监测调查数据质量而设计的工具，能够导入回传的音频文件及问卷数据，为质控督导与质控人员提供适宜的音频核听和数据分析环境。录音核查系统具有以下功能：

（一）音频文件及问卷数据导入

录音核查系统支持导入回传的音频文件及问卷数据，确保调查数据的完整性和一致性。

（二）样本抽选与分配

1. 手动抽选

质控督导可以根据录音核查要求，手动抽选需要核听的样本。

2. 自动抽选

在提前设置抽选条件（如调查地区、调查时间等）的情况下，录音核查系统能够自动抽选符合条件的样本以供质控人员核听。

3. 全样本监听

录音核查系统支持全样本监听，以确保对调查数据的全面核查。

质控督导在确定需要核听的样本后，可以将录音核查任务指派给具体的质控人员，或者设置自动分配条件，使质控人员能够自动获取指定的核听样本。

（三）录音核查

1. 题目定位

录音核查系统支持精确定位至每道题目的音频内容，以便质控人员针对特定问题进行核听。

2. 时间校正

录音核查系统具备时间校正功能，便于质控人员根据工作实际灵活选择需要核听的内容，从而确保录音核查的高效性。

3. 调查数据修正

在核听过程中，如果发现调查人员的填写有误，则录音核查系统允许质控人员对调查数据进行修正，并自动保存每次的修订记录，确保调查数据准确且可追溯。

录音核查系统界面如图 11-36 所示。

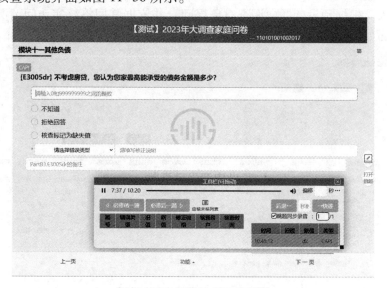

图 11-36　录音核查系统界面

三、电话核查系统

电话核查系统是一种集成了计算机拨号插件的自动化工具，专门用于核实访问情况。该系统通过自动拨号和记录核查结果，显著地提升了核查工作的效率和准确度。

（一）特点

1. 集成拨号插件

电话核查系统集成了计算机拨号插件，便于质控人员直接在该系统中拨打电话，而无需切换至其他通信软件。

2. 自动拨打与记录

电话核查系统能够自动拨打预设的电话号码，并记录质控人员与调查对象的通话内容，确保调查数据、核查结果的准确性。

3. 实时反馈

质控人员在核实完访问情况后，可以在电话核查系统中进行反馈。电话核查系统将自动保存核查结果，为后续的数据分析、研究开展和报告撰写提供便利。

（二）工作流程

1. 导入调查数据

质控人员向电话核查系统导入待核查的调查数据，包括电话号码、访问时间、询问内容等关键信息。

2. 选择核查样本

质控人员可以从电话核查系统中选择需要核查的样本，并根据实际情况选择手动拨打或设定自动拨打计划。

3. 拨打电话并核实

电话核查系统根据质控人员的指令，自动拨打调查对象的电话号码并接通。随后，质控人员根据预设问题向调查对象提问，并依据其回答核实访问情况。电话核查系统界面如图 11-37 所示。

图 11-37　电话核查系统界面

4. 记录与反馈

在通话过程中，电话核查系统会实时记录对话内容。质控人员在核实完访问情况后，可在系统中进行反馈，包括选择相应的核查结果、填写备注信息等。

四、图片核查系统

图片核查系统能够自动采集绘图人员、调查人员回传的图片信息（在追踪调查项目中可以调用既有图片信息）。质控人员通过对比图片，对访问情况进行核查。图片核查系统界面如图 11-38 所示。

图 11-38　图片核查系统界面

第五节　数据处理模块

调查系统的开发旨在高效收集调查数据，以满足多样化的分析、研究及决策需求。调查数据作为大型社会抽样调查的关键要素，其质量管控贯穿项目执行的全流程。为规范调查数据管理，有效提升调查数据的应用价值，调查系统内嵌了专业的数据处理模块。数据处理模块具有数据可视化功能及数据导出功能。

一、数据可视化功能

数据可视化功能通过图形、图像、动画等形式，将调查数据转化为可视元素，如条形图、饼图、折线图、散点图等。这种可视化方式有助于项目组直观地理解调查数据，迅速发现数据中的问题及变化趋势。

在查看调查数据时，项目组可以利用数据可视化功能按地区进行筛选，如选择某个地区或特定地区组合，以了解该地区或地区组合的数据表现，进而展开深入分析。这种功能尤其适用于需要对不同地区进行对比研究的场景，能够助力项目组快速识别地区间的差异，为优化大型社会抽样调查项目的决策提供有力支持。可视化数据统计界面如图 11-39 所示。

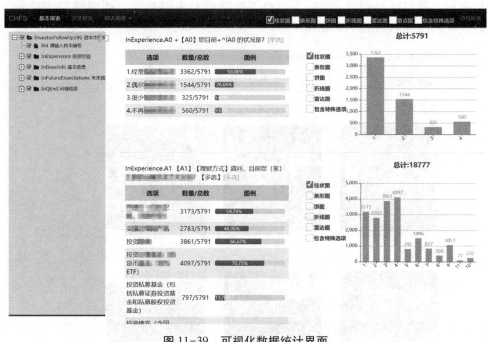

图 11-39　可视化数据统计界面

二、数据导出功能

数据导出功能指将问卷中的全部数据，如填答信息、备注说明、操作记录以TXT 文本、Excel 表格等文件形式导出。

第六节　其他辅助系统

一、App 后台管理系统

手机应用软件（App）后台管理系统主要用于发布在移动设备上使用的绘图采样系统和访问系统的最新版本。在最新版本发布之后，App 后台管理系统能够通过版本管理功能自动检测并更新移动设备中的对应系统。App 后台管理系统如图 11-40所示。

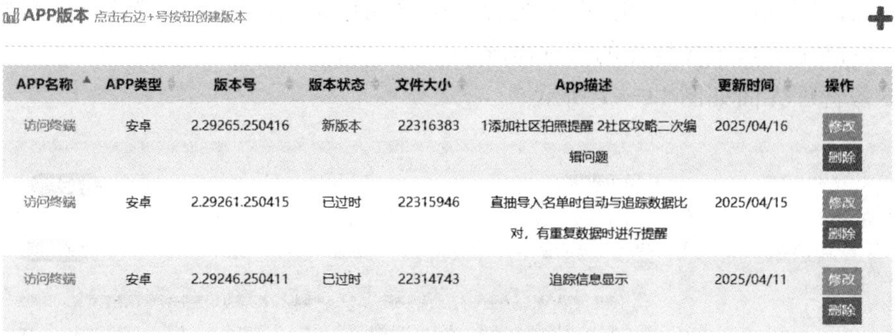
APP版本 点击右边+号按钮创建版本

APP名称	APP类型	版本号	版本状态	文件大小	App描述	更新时间	操作
访问终端	安卓	2.29265.250416	新版本	22316383	1添加社区拍照提醒 2社区攻略二次编辑问题	2025/04/16	修改 删除
访问终端	安卓	2.29261.250415	已过时	22315946	直抽导入名单时自动与追踪数据比对，有重复数据时进行提醒	2025/04/15	修改 删除
访问终端	安卓	2.29246.250411	已过时	22314743	追踪信息显示	2025/04/11	修改 删除

图 11-40　App 后台管理系统

二、设备管理系统

设备管理系统旨在实现对大型社会抽样调查中所使用移动设备的有效管理，确保移动设备编号的唯一性，并对移动设备的借出、归还、损坏情况进行准确登记及统计。该系统通过扫码枪快速识别移动设备编号，实现快速借出与归还。同时，该系统能够通过学号、身份证号等唯一标识信息关联调查人员，确保借还流程的规范性。设备管理系统具有以下四个方面的功能：

（一）设备信息管理

设备信息管理包括以下三个方面的内容：一是支持查看在库移动设备的详细信息，如编号、名称、类型、状态（可用、已借出、已损坏）、描述信息等；二是支持编辑、更新移动设备的状态，修改移动设备的描述信息；三是支持生成并打印移动设备的二维码标签，以实现对移动设备的唯一性识别，便于项目组管理和追踪移动设备。

（二）设备借出

在调查人员领取移动设备时，项目组工作人员使用扫码枪扫描移动设备上的二维码标签，并输入调查人员的唯一标识信息（如学号、身份证号等），设备管理系统将自动获取调查人员的信息和移动设备的状态。若移动设备处于可用状态，且调查人员的信息准确无误，则设备管理系统将自动更新该设备的状态为“已借出”，并记录借出时间、借出人员等详细信息，完成借出流程。

（三）设备归还

调查人员应在完成调查执行工作后，按流程有序地归还移动设备。项目组工作人员使用扫码枪扫描移动设备上的二维码标签，以验证移动设备编号和调查人员信息。设备管理系统将提示调查人员检查移动设备是否损坏、调查数据是否丢失等，要求其根据实际情况如实选择并备注说明。设备管理系统将依据调查人员的反馈更新移动设备的状态，并记录归还时间、归还人员等详细信息，完成归还流程。

（四）设备统计

设备统计功能可用于对不同调查区域、不同调查小组的移动设备进行分类统计，涵盖借出数量、归还数量、损坏数量等，并生成相应的统计报表。设备管理系统提供多种灵活的统计方式，如按时间统计、按移动设备类型统计、按调查人员姓名统计等，以满足项目组多样化的管理需求。

设备管理界面如图 11-41 所示。

图 11-41　设备管理界面

三、访问薪酬计算系统

访问薪酬计算系统通过统计调查人员对样本的成功访问数量、访问时长，结合质量控制模块的相关系数，自动计算调查人员的薪酬。访问薪酬计算系统的主要功能包括成功访问数量统计与报表导出、访问时长统计与报表导出、样本核查得分及报表导出。

四、工单反馈系统

在大型社会抽样调查中，项目参与人员常常会遇到各种问题和挑战。要确保项目顺利推进，及时响应需求、解决问题至关重要。在此情形下，工单反馈系统应运而生。它作为一个集中反馈问题、解决方案的平台，致力于提高调查项目的执行效率和项目参与人员的满意度。工单反馈系统的主要功能如下：

（一）问题提交

工单反馈系统允许项目参与人员提交在调查执行过程中遇到的问题，包括问题描述、相关附件及紧急程度等信息。

（二）问题分类与分配

工单反馈系统能根据问题的性质自动对问题进行分类，并将其精准分配给相应的职能小组或专家学者予以处理。

（三）问题跟踪与状态更新

工单反馈系统能够对问题的处理情况进行跟踪。项目参与人员可随时查看问题的处理进度。

（四）解决方案提供

职能小组或专家学者在收到提交的问题后，将对其进行分析、研究，并提供相应的解决方案。

（五）问题解决确认

在问题得到处理后，工单反馈系统会及时通知问题提交人员进行确认，确保其诉求得到满足且问题已妥善解决。工单反馈系统如图 11-42 所示。

图 11-42　工单反馈系统

第七节　服务器搭建与维护

一、服务器数量及硬件配置

由于调查执行回传的数据量较为庞大，因此技术组需要配置性能充足的标准化服务器，以用于调查数据的处理与存储。在购置服务器前，技术组应从多方面进行评估，在满足技术需求、促进业务发展和实现成本控制之间寻求最佳平衡点。如果盲目选择性能强大但价格高昂的服务器，将造成资金浪费；如果单纯为了控制成本而选择存在性能瓶颈或未充分考虑冗余的服务器，将导致调查数据的处理速度变慢，甚至引发调查数据丢失等安全事故，进而严重影响相关业务的开展。一般来讲，在配置服务器时需要考虑以下几个方面：

（一）确定所需服务器的性能与容量

在大型社会抽样调查项目中，技术组需要根据不同应用类型确定所需服务器的性能与容量。具体而言，全球广域网（Web）前端服务器对性能要求不高；应用程序服务器则需要配备较大内存；而数据库服务器对性能要求最高，需要配置足够快的中央处理器（CPU）、足够大的内存及足够稳定可靠的硬件。

（二）评估服务器需要支持的访问量

技术组需要预估在正常情况下同时访问服务器的用户数量，以及每天的访问峰值。这些数据对确定 CPU 型号和内存容量至关重要。技术组应将这些数据转化为具体的技术指标，如并发连接数，并据此对用户增长量进行准确预测。在此基础上，采取相应措施,确保服务器具备足够冗余,以应对用户数量的增加。

(三)明确调查数据存储空间需求

技术组需要全面考虑存储调查数据所需的空间,包括调查系统及应用程序在安装和使用时所需的空间等。鉴于调查数据每日递增,技术组至少应对未来 2~3 年的数据增长情况做出准确预测,并将计算出的存储空间需求乘以 2,从而为调查数据的维护、备份及转移预留足够空间。

(四)考虑业务对服务器硬件可靠性的要求

如果服务器承载的业务无法承受因硬盘损坏而导致的停机或数据丢失风险,那么技术组必须选择性能可靠的磁盘阵列(RAID)卡。同理,对于冗余电源的配置,技术组也需要进行类似的考量。然而,要全面解决可靠性问题,就不能只依赖服务器硬件本身,还需要结合系统的架构设计及运维管理进行综合分析。

基于以上几个方面的考虑,结合业务开展情况和项目执行经验,我们在此提供一些服务器配置建议(见表 11-1)。

表 11-1 服务器配置建议

设备	建议	说明
CPU	Intel Xeon 系列处理器	推荐 Intel Xeon E5 级别及以上。初期可配置单路 CPU,后期在调查数据量增大时,可灵活升级为双路 CPU,以满足更高的计算性能要求
内存	16GB 以上	建议配置 16GB 及以上内存,确保主板具备充足的内存插槽,以便后期根据业务开展情况进行扩展
硬盘	容量需要根据具体存储需求确定	建议配置带有独立缓存和后备电池的 RAID 卡,支持 RAID 0、1、5、6、10 等多种模式。采用可靠性强的企业级硬盘,根据存储空间、调查数据安全存储要求进行磁盘阵列配置
电源	双电源冗余	建议配置足够功率输出的双电源冗余。若条件允许,最好采用不间断电源(UPS)和市电双路供电

二、服务器分工上线及安装

在大型社会抽样调查项目中,服务器端涉及多种业务功能,因此技术组通常会使用多台服务器进行分工协作。服务器的性能表现主要由四大子系统决定,即处理器、内存、磁盘系统和网络系统。不同的应用对四大子系统的要求各不相同。一般而言,服务器主要分为以下四类:

(一)数据库服务器

数据库服务器由一台或多台服务器、调查系统共同构成,为大型社会抽样调查项目官方网站、移动端 App 等提供服务。

(二)网站服务器

网站服务器提供 Web 信息浏览服务,支持调查人员的报名、注册、管理等功能,并为移动端 App 提供 API 服务等。

（三）文件服务器

文件服务器提供存储服务，能够存储调查数据、移动端 App 回传的附件等。

（四）CQL 服务器

CQL 服务器主要为实地访问中使用的基于 CQL 语言的问卷系统提供支持。

三、数据库服务器搭建

服务器操作系统作为信息技术（IT）系统的基础架构平台，承担着管理与配置的任务，因此技术组必须确保其稳定性、安全性。

建议采用 Windows Server 2016 作为主要业务服务器的操作系统。Windows Server 2016 由微软于 2016 年正式发布，相较于老版本，它增添了许多新功能。例如，借助集成的 Hpyer-V 虚拟化技术，Windows Server 2016 可以充分利用服务器硬件资源；结合.Net 开发环境，Windows Server 2016 可以将互联网信息服务（internet information services，IIS）作为 Web 服务，并将 SQL Server 作为数据库服务。此外，Windows Server 2016 可以承载调查机构自主研发的 CQL 问卷系统并提供文件回传服务等。为了满足运维需求，中心另行配置了部分安全性和稳定性更强的 Linux 服务器，用于承载 nginx 反向代理、Zabbix 实时管控等功能。

建议选用 SQL Server 2016 作为主要的数据库管理系统。SQL Server 2016 具有诸多优势，包括性能较好、管理简化、能将调查数据转化为可视化形式等。从实用性和安全性角度看，SQL Server 2016 拥有高性能的数据仓库，对实时运营分析、灾难恢复、可用性、安全性、合规性、大数据简化等进行了优化。它具备使用方便、伸缩性好、与相关软件集成程度高的特点，同时拥有良好的读写性能和较强的可靠性，便于性能管控和数据库的复制与迁移。

四、网站服务器搭建

网站服务器建议采用 Windows Server 集成的 IIS。IIS 的功能十分强大，集成了 Web 服务器、FTP 服务器、NNTP 服务器和 SMTP 服务器等多种服务组件，能够提供网页浏览、文件传输、新闻服务和邮件服务等功能。

五、文件服务器搭建

文件服务器在网络中处于核心位置，因此需要稳定高效的网络支持。首先，文件服务器通常需要配置多个千兆网络端口，以满足多种网络传输需求；其次，文件服务器需要性能足够的防火墙、交换机等网络设备，以确保内外网络交互的高效畅通；最后，文件服务器的基础配置要求是配备 6 类千兆网线，以保障高速稳定的数据传输性能。

在确保基础网络畅通后，技术组需要通过配置防火墙等网络设备来优化网络链路，并确保其安全性。同时，技术组可以使用 Nginx 作为反向代理服务器，对外提供服务，实现负载均衡和容错功能。

六、数据库备份

数据备份工作是保障数据有效性、安全性和完整性的重要手段。技术组必须随时做好数据备份工作，并妥善保管和使用存储介质。对此，技术组需要指定系统管理员，负责信息系统数据（含官方网站数据）的管理工作；指定数据管理员，负责调查数据的管理工作。重要数据应使用加密存储介质保存，并由指定人员掌管密码，确保数据存储的物理安全。

对大型社会抽样调查最重要的成果，即调查数据库而言，建议采用 SQL Server 维护计划来自动进行周期性备份。备份周期为每天至少一次。为避免备份操作影响调查数据库的性能，建议在凌晨 3 点执行自动维护计划。同时，为 SQL Server 自动备份的文件配置相应的文件同步工具，通过网络将备份文件传输至不同服务器、不同机房，以便进行多重备份，并实现异地数据灾备。在完成以上实时热备的基础上，还需要定期使用外置加密存储介质进行冷备，进一步确保调查数据的安全性和可靠性。

七、网站更新

对网站进行更新，主要是为了修复在调查执行过程中发现的系统问题或为系统执行添加新的功能。虽然执行一次网站更新仅需几分钟，但会导致调查执行工作中断。因此，网站更新不能在工作时间操作，而应在晚上或凌晨进行。

在更新网站之前，对现有版本进行备份是容灾的必要手段。网站更新后，如果因出现未知问题而影响调查项目的执行时，备份可以使网站迅速还原至能够正常运行的上一版本。对现有版本进行备份，其操作通常包括将全部既有文件及更新文件复制到服务器本机的其他位置和其他存储介质中。同时，每一版本的更新包也需要进行备份，以便日后查找。

参考文献

[1] 艾春荣，冯帅章，吴玉玲. 微观统计数据的公布及相应的保密方法 [J]. 统计研究，2007（6）：75-79.

[2] 边丽洁，高淑东. 统计学原理与工业统计学 [M]. 上海：立信会计出版社，2004.

[3] 曹阳，谢万军，张罗漫. 多重填补的方法及其统计推断原理 [J]. 中国医院统计，2003，10（2）：77-81.

[4] 陈舜. 远程教育评估中问卷调查关键技术研究 [D]. 西安：西安电子科技大学，2006.

[5] 丁立宏. 试论市场调查中的质量控制 [J]. 中央财政金融学院学报，1996（11）：31-35

[6] 杜子芳. 抽样技术及其应用 [M]. 北京：清华大学出版社，2005.

[7] 风笑天. 社会调查中的问卷设计 [M]. 3 版. 北京：中国人民大学出版社，2014.

[8] 冯士雍. 关于样本对总体代表性问题的认识与讨论：兼论抽样调查中辅助变量的作用 [J]. 统计研究，2001（9）：30-34.

[9] 高嘉英，谭常杰. 新编统计学 [M]. 北京：人民出版社，1996.

[10] 高伟，关宏伟，汪艳. 异常数据挖掘及其在工程实际中的应用研究 [J]. 信息技术，2004（4）：70-72.

[11] 巩红禹. 规模以下工业抽样调查代表性样本的一种探索设计：平衡抽样设计 [J]. 统计与信息论坛，2017（4）：8-15.

[12] 巩红禹，金勇进. 住户调查中代表性样本的一种探索获取方法：平衡抽样技术 [J]. 统计研究，2015（9）：84-90.

[13] 金炳陶. 概率论与数理统计 [M]. 北京：高等教育出版社，2011.

[14] 金勇进，杜子芳，蒋妍. 抽样技术 [M]. 4 版. 北京：中国人民大学出版社，2015.

[15] 金勇进，张喆. 抽样调查中的权数问题研究 [J]. 统计研究，2014（9）：79-84.

[16] 洪小良. 社会调查研究原理与方法 [M]. 北京：北京出版社，2005.

[17] 胡桂华，肖少云，樊盛，等. 对统计误差的思考 [J]. 广西财经学院学

报，2008（4）：42-46.

[18] 胡红晓，谢佳，韩冰. 缺失值处理方法比较研究 [J]. 商场现代化，2007（5）：352-353.

[19] 杨军，赵宇，丁文兴. 抽样调查中缺失数据的插补方法 [J]. 数理统计与管理，2008（9）：821-832.

[20] 杨凤荣. 市场调研实务操作 [M]. 北京：清华大学出版社，2008.

[21] 杨扬，黄辰，李俊. 我国典型抽样方法的研究现状及定性比较 [J]. 现代经济信息，2015（5）：127-128.

[22] 乔丽华，傅德印. 缺失数据的多重插补方法 [J]. 统计教育，2006（12）：4-7.

[23] 刘凤芹. 基于链式方程的收入变量缺失值的多重插补 [J]. 统计研究，2009（1）：71-77.

[24] 刘学华，刘荣多，袁淑辉，等. 统计学原理 [M]. 上海：立信会计出版社，2012.

[25] 肖进，刘敦虎，顾新，等. 银行客户信用评估动态分类器集成选择模型 [J]. 管理科学学报，2015（3）：114-126.

[26] 刘增臣，王迎春. 统计学 [M]. 杭州：浙江大学出版社，2010.

[27] 田爱国. 统计学 [M]. 北京：中国铁道出版社，2004.

[28] 田禹. 基于偏度和峰度的正态性检验 [D]. 上海：上海交通大学，2012.

[29] 王晓晖，风笑天，田维绪. 论样本代表性的评估 [J]. 山东社会科学，2015（3）：88-92.

[30] 卫爱华. 统计学 [M]. 北京：北京邮电大学出版社，2012.

[31] 王斌会，陈一非. 基于稳健马氏距离的多元异常值检测 [J]. 统计与决策，2005（3）：4-6.

[32] 王峰. 排序下PPS抽样估计量的修正与应用 [J]. 数理统计与管理，2019（6）：1005-1013.

[33] 史秋霞，王毅杰. 试论相关群体对问卷调查资料质量的影响：以一次流动儿童调查为例 [J]. 中北大学学报（社会科学版），2010（3）：26-29.

[34] 孙玉环，孟鸽，初文章. CAI模式下社会调查项目质量控制的数据核查方法 [J]. 调研世界，2015（3）：56-60.

[35] 赵杉. 对应用PPS抽样方法开展城镇居民问卷调查效果的评估 [J]. 金融发展研究，2018（9）：46-50.

[36] 张苗苗，赵捧未，范晓玉. 云环境下科技管理数据服务模式创新研究 [J]. 情报理论与实践，2018（1）：38-42，60.

[37] 朱明. 数据挖掘 [M]. 合肥：中国科学技术大学出版社，2010.

[38] 张德然. 统计数据中异常值的检验方法 [J]. 统计研究，2003（5）：53-55.

[39] 张创新. 社会调查理论与方法 [M]. 长春：吉林大学出版社，2003.

[40] 张增臣. 统计学 [M]. 杭州：浙江大学出版社，2010.

[41] 张彦. 社会研究方法 [M]. 上海：上海财经大学出版社，2011.